卫星导航接收机多维联合抗干扰技术

国　强　戚连刚　王亚妮　著

科学出版社

北　京

内 容 简 介

全球卫星导航系统（GNSS）面临的压制干扰呈现出多样化、协同化的发展趋势，为了在不增加天线阵阵元个数的前提下，提高卫星导航接收机抑制混合干扰的能力，本书从干扰信号的周期特性、空时频分布特性等维度上挖掘干扰信号的稀疏特性，从多个维度对干扰信号进行检测与抑制，探索性地研究了混合干扰环境下多维联合抗干扰新方法。全书共 5 章，主要内容有卫星导航接收机抗压制干扰技术的国内外研究现状，混合干扰环境与典型的基于天线阵的抗干扰方法性能分析，基于波形信息稀疏分解的抗干扰方法，基于时域数据重组的空时抗干扰方法，空时频联合抗干扰方法。

本书是关于卫星导航接收机多维联合抗干扰的专著，可以作为卫星导航领域研究生的教材，也可供从事导航对抗、雷达、声呐等领域研究的科技工作者学习与参考。

图书在版编目（CIP）数据

卫星导航接收机多维联合抗干扰技术/国强，戚连刚，王亚妮著. —北京：科学出版社，2022.3
ISBN 978-7-03-071789-4

Ⅰ．①卫… Ⅱ．①国… ②戚… ③王… Ⅲ．①卫星导航-导航接收机-抗干扰措施 Ⅳ．①TN967.1

中国版本图书馆 CIP 数据核字（2022）第 043955 号

责任编辑：刘凤娟 杨 探／责任校对：彭珍珍
责任印制：赵 博／封面设计：无极书装

科学出版社 出版
北京东黄城根北街 16 号
邮政编码：100717
http://www.sciencep.com

北京凌奇印刷有限责任公司印刷
科学出版社发行 各地新华书店经销
*
2022 年 3 月第 一 版 开本：720×1000 1/16
2025 年 1 月第二次印刷 印张：10
字数：150 000
定价：69.00 元
（如有印装质量问题，我社负责调换）

作 者 简 介

国强，1972 年生于黑龙江省哈尔滨市。工学博士，现为哈尔滨工程大学信息与通信工程学院教授，哈尔滨工程大学"复杂电磁环境下通信系统与技术"兴海学术团队负责人，乌克兰工程院外籍院士，国家科学技术奖评审专家、中国教育部学位与研究生教育评审专家、国家自然科学基金委评审专家、山东省科学技术奖评审专家、北京市科学技术奖评审专家、黑龙江省科学技术奖评审专家、江苏省科学技术奖评审专家，中国电子学会高级会员、黑龙江省建筑协会智能建筑分会副主任、黑龙江省安防协会专家委员会委员。研究方向为雷达信号分选与识别、卫星导航自适应抗干扰、阵列天线综合与分析及其在电磁目标探测、电磁信号智能感知与信息处理等方面的应用。主持"十四五"国家重点研发计划项目 1 项（首席科学家）、国家自然科学基金面上项目 3 项、"十三五"国家重点研发计划项目 1 项、"十三五"国家国际科技合作专项项目 1 项、"十三五"海装预研项目 3 项、"十三五"装发预研项目 1 项、黑龙江省科技攻关项目 1 项、哈尔滨市科技攻关项目 1 项。获全国百篇优秀博士学位论文提名，黑龙江省科技进步奖二等奖 1 项、黑龙江省科技进步奖三等奖 1 项、哈尔滨市科技进步奖二等奖 1 项、黑龙江省高校科学技术奖一等奖 1 项、黑龙江省自然科学技术学术成果奖二等奖 1 项、黑龙江省自然科学技术学术成果奖三等奖 2 项、第一届哈尔滨市科技创新带头人奖和第十一届哈尔滨市青年科技奖。

戚连刚，1990 年出生于河北省威县。工学博士，现为哈尔滨工程大学信息与通信工程学院预聘副教授。研究方向为自适应干扰抑制、阵列信号处理、智能信息处理，共发表学术论文十余篇，申请发明专利十项；主持国家自然科学基金青年科学基金项目 1 项，中央高校基本科研业务费专项资金项目 1 项，"十四五"国家重点研发计划项目子任务 1 项；作为项目骨干参与"十三五"国家国际科技合作专项项目、国家自然科学基金项目等多个国家级或省部级科研项目。

王亚妮，1991 年出生于河北省唐山市。现为哈尔滨工程大学信息与通信工程学院博士研究生，研究方向为阵列优化与自适应阵列信号处理，共发表学术论文六篇，申请发明专利十余项；作为项目骨干参与"十四五"国家重点研发计划项目、国家自然科学基金（面上）项目等多个国家级或省部级科研项目。

前　言

北斗卫星导航系统 (BeiDou Navigation Satellite System, BDS) 于 2020 年 7 月 31 日正式开通全球服务,我国成为世界上第三个独立拥有全球卫星导航系统 (Global Navigation Satellite System, GNSS) 的国家。GNSS 能够为无限多用户提供高精度定位、导航和定时 (Positioning、Navigation and Timing,PNT) 信息,是提升军事装备作战效能、提高社会生产效率、改善人民生活质量、增强国家核心竞争力的重要时空基础设施。然而,由于导航卫星距地面较远且星载发射机功率受限,地面用户终端处的导航信号非常微弱,所以 GNSS 接收机极易受到射频 (压制) 干扰。为应对复杂电磁环境中的有意和无意干扰,《国家卫星导航产业中长期发展规划》指出需要"建成卫星导航信号监测和评估系统、导航信号干扰检测与削弱系统,保障系统安全可靠运行"。中国卫星导航系统管理办公室主任、北斗卫星导航系统新闻发言人冉承其在 2020 年 8 月 3 日国务院新闻办公室举行的新闻发布会上表示:"卫星导航有天然的脆弱性,信号弱、容易被干扰"是下一代北斗建设中需要解决的问题之一。

面向不同用户的需求设计抗干扰接收机是提升 GNSS 抗干扰能力的必要技术手段。基于天线阵的抗干扰方法作为一种能够有效提高 GNSS 抗干扰能力的技术手段得到了广泛研究并取得了大量成果。然而,电磁空间中频谱日益拥挤,且在"导航战"双方博弈下,新的 GNSS 干扰技术、策略层出不穷,GNSS 所面临的将不再是简单单一类型干扰,而是多种类型干扰混合共存的电磁环境。另外,随着民用和军用设备、设施智能化、协同化建设的高速发展,多种应用场景的装配空间受限,要求 GNSS 接收器具有更小的尺寸且具有较强的抗干扰能力。但是，现有小型 GNSS 接收机抗干扰技术面临着巨大挑战：① 现有信号分析方法的时频分辨能力受限，无法为交叠严重的混合干扰与 GNSS 信号提供足够的分离度，导致消除干扰时对期望信号损伤较大；② 小型天线阵的空域自由度及分辨率不足，难以对抗空间临近干扰和大于阵元数的多个干扰。为了在不增加天线阵阵元个数的前提下提高卫星导航接收机抑制混合干扰的能力，本书在分析各类干扰信号特点及混合干扰信号的空时频稀疏特性的基础上，针对典型空域或空时域方法抗干扰自由度不足的问题，挖掘干扰信号不同维度上的稀疏特性，在不同信息维度对干扰信号进行检测与抑制，探索性地研究了混合干扰环境下多维联合抗干扰新方法，获得了如下研究成果。

(1) 多种类型干扰信号在时频域严重交叠时，现有的抗干扰方法难以有效地实现对能量相对较弱干扰的检测与抑制。针对该问题，根据稀疏表示理论，在分析已知波形样式干扰信号在混合干扰中可检测性的基础上，提出一种基于波形信息稀疏分解的抗干扰方法。首先，根据已知波形样式干扰信号的先验信息构建过完备原子字典，然后对具有连续寻优空间的双链量子遗传算法 (Double Chain Quantum Genetic Algorithm, DCQGA) 进行改进并与匹配追踪 (Matching Pursuit, MP) 的算法融合，求解接收信号在过完备原子字典上的稀疏表示，将已知波形样式干扰信号从各通道接收信号中剥离出来。该方法能够在混合干扰环境下，完成对已知波形样式干扰信号的检测与抑制，降低后续干扰抑制算法面临的干扰个数。

(2) 为了提高卫星导航接收机处理混合干扰中宽带周期调频 (WideBand Periodic Frequency Modulated, WBPFM) 干扰的能力，在分析 WBPFM 信号广义周期特性的基础上，提出一种基于时域数据重组的空时抗干扰方法。首先，采用改进的奇异值比谱峰值周期检测方法估计出接收信号中周期调频分量的公周期，将 WBPFM 干扰信号分解为窄带干扰，然后，采用正交最小功率无畸变响应 (Orthogonal Minimum Power Distortionless Response, OMPDR) 准则求解空时处理器的权值，保证在消除干扰的同时，获得无失真的期望信号。该方法能够在不增加接收机阵元个数的前提下，提升卫星导航接收机抑制周期调频干扰的个数。

(3) 针对时频分布稀疏的干扰，将时频分析与阵列信号处理理论相结合，提出基于空时频联合处理的抗干扰方法。首先，利用周期时频稀疏信号公周期或者基于子空间匹配的同源时频点检测方法将时频数据分类；然后，将具有相同干扰源信号的时频点进行重组，构建空时频数据矩阵，进而将传统空域或空时域处理所面临的欠定宽带干扰抑制问题转化为空时频域的适定或超定干扰抑制问题；最后采用空时频联合最小输出功率 (Space-Time-Frequency Minimum Output Power, STF-MOP) 算法，实现多干扰消除。该方法能够有效地利用混合干扰信号的时频稀疏性提高卫星导航接收机在混合干扰环境下的捕获能力。

本书是在总结卫星导航接收机抗干扰领域国内外研究现状与进展的基础上，以作者近年来在该领域的研究成果为主要内容的一本专著。由于卫星导航系统抗干扰的研究是当前相关领域的研究热点，新的研究成果正在不断涌现，又由于作者水平有限，书中难免存在不妥之处，恳请读者批评指正。

本书成果是在国家重点研发计划 (2018YFE0206500)、国家自然科学基金 (62071140、62101155、61371172) 和国家国际科技合作专项 (2015DFR10220) 资助下取得的，本书的出版得到科学出版社的大力支持，在此一并表示感谢。

目　　录

第 1 章 绪 论

1.1 课题的研究背景和意义

人类活动对"定位"、"导航"的需求从未间断，自人类文明诞生以来，便不断探求更加精确便捷的定位、导航、授时技术。古人观漏计时、牵星引海，近代人们发掘了陀螺仪、陆基无线电导航技术、电子钟技术等定位、导航、授时方法。其中多种技术均能够基本满足短航程单用户对定位、授时服务的精度需求；然而，目前没有一种导航手段能够像全球卫星导航系统 (Global Navigation Satellite System, GNSS) 一样，可以为无限多用户提供全天时、全天候的高精度定位、授时服务。尤其是在网络化、协同化、智能化的大趋势下，天基卫星导航系统能够为无限多用户平台提供协同作业所需的高精度"时空"信息的优势更加明显，因此各行业对其依赖性也愈发明显 [1]。

然而，由于导航卫星与地面距离较大且导航信号发射功率受限，卫星导航信号传播到地面接收天线时已非常微弱，湮没于噪声中，所以导航接收机极易受到射频干扰 [5]，无法完成导航信号捕获。另外，由于 GNSS 信号频点相对固定，对其实施恶意压制的干扰成本相对较低。于 2010 年的 ION (Institute of Navigation) 导航会议上，Bradford Parkinson 教授指出：可用性是 GNSS 面临的四大问题之首，而射频干扰是其最大的威胁 [6]。更有学者指出："GNSS 的下一步建设任务，除了抗干扰还是抗干扰和抗干扰"[7]。

1.1.1　卫星导航系统特点及发展趋势

卫星导航系统的建设始于 20 世纪 60 年代，美国和苏联分别建成了适于低动态、海或陆用平台导航的子午仪和圣卡达天基卫星导航系统。此后，美国一直致力于该领域的研究与建设，已经建成了可向全球用户提供服务的全球定位系统 (Global Positioning System, GPS)，并正在加紧实施 GPS Block III 的升级建设计划 [8]。鉴于基于 GPS 的精确制导武器在第一次海湾战争中取得的惊人战果，各国家充分认识到了卫星导航系统的重要性，纷纷将其列为国家发展所必需的战略基础平台。例如，俄罗斯重建苏联的格洛纳斯 (Globalnaya Navigatsionnaya Sputnikovaya Sistema, GLONASS) 系统并对其进行升级，中国和欧盟分别完成北斗卫星导航系统 (BeiDou Navigation Satellite System, BDS) 和伽利略卫星导航系统 (Galileo Satellite Navigation System, Galileo) 的方案论证 [2,3]，二者正在紧锣密鼓的建设中，其中 BDS 已于 2020 年 7 月 31 日正式具备全球定位的能力 [9]，另外，印度的印度区域卫星导航系统 (Indian Regional Navigation Satellite System，IRNSS) 和日本的准天顶卫星系统 (Quasi-Zenith Satellite System, QZSS) 为代表的区域定位系统也正在建设中 [4]。

各国从自身经济、政治、军事等方面需求与所掌握的技术基础出发，选择了不同实施方案和略有差异的系统服务，但是各 GNSS 的基本工作原理与系统结构大致相同，主要包括：空间段，控制段，用户段 (终端段) 三大部分 [1-3]，如图 1.1.1 所示。

空间段是指由运行在不同轨道上的多颗导航卫星组成的导航星座；控制段主要包含主控站、备份主控站、注入站和监测站等；用户段是指利用卫星导航接收机获取 GNSS 服务的人员或其他设备平台。各个部分的基本功能描述如下。

(1) 空间段：导航卫星播发包含各自导航信息的无线电导航信号；

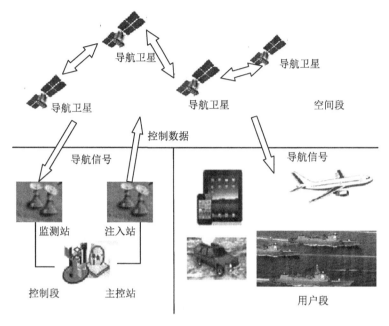

导航卫星

导航卫星

导航卫星

导航卫星

空间段

控制数据

导航信号

导航信号

监测站

注入站

控制段

主控站

用户段

图 1.1.1 GNSS 结构示意图

(2) 控制段：负责跟踪导航卫星状态、检测卫星信号质量、对其定位性能进行分析，并根据监测结果 (或特殊任务需求) 向卫星发送控制质量和数据；

(3) 用户段：用户接收机通过接收多颗可见卫星的信号，获取其中包含的伪距及导航电文，从而提供用户所需的空间和时间信息。

鉴于 GNSS 在国民经济、国防建设领域的重要作用，为了进一步提高 GNSS 的稳定性和可靠性，各国在现有技术基础上正在实施或者正在筹备下一步的优化策略[10,11]：

(1) 研制新一代导航卫星以提高信号落地功率，主要技术手段有：提高卫星有效载荷以提升导航信号发射功率，采用点波束天线对特定区的导航信号电平进行增强。

(2) 发展星间链路技术，构建新型星座布局，使得导航卫星可长时间在独立于地面控制的条件下时序稳定工作，以增加定位服务的精度，同时增强导航星座的生存能力。

(3) 优化导航信号的设计体制, 例如采用 BOC(Binary Offset Carrier) 调制实现军民信号分离; 引入导频信号提高接收机的跟踪灵敏度并增强信号体制本身的抗干扰能力。

(4) 研制小型化抗干扰接收机。上述 GNSS 的改进措施均可以使用户段接收终端受益。但是对空间段和信号体制的升级与改造, 需要较长的建设周期, 且成本较大。而对用户段的改进措施可以针对性地满足不同用户的需求, 并且能够在短时间内提升 GNSS 的抗干扰能力 [2,12], 因此, 对导航接收机进行改进以增强其抗干扰与弱信号接收能力, 是克服 GNSS 脆弱性的重要技术措施 [13]。

1.1.2 卫星导航接收机多维抗干扰方法的研究意义

尽管 GNSS 不断完善自身性能, 且作为各行业信息体系的重要基础设施受到国际、各国家组织法律法规保护 [14,15], 但是鉴于其在国民安全、国土安全领域的重要作用, 例如城市防控系统、通信系统、综合控制指挥系统和精确制导系统; 尤其是在军事领域, GNSS 的应用不仅能够有效提升武器装备的打击精度和作战效能, 而且大幅度提高了军队联合指挥控制、多兵种协同作战和快速反应能力 [4]。敌对势力、犯罪组织必然会对卫星导航系统之间的无线链路实施干扰, 降低其效能, 甚至使其瘫痪 [16–18]。为了保护重要设备设施的安全, "导航战"(Navwar)[19] 的概念应运而生, 其核心思想是 "在复杂电磁环境下, 使己方能够有效地利用卫星导航系统获取位置与时间信息, 同时阻止敌军使用卫星导航系统"。

为了保障 GNSS 服务可靠性和连续性, 针对不同干扰样式的抗干扰技术成为 GNSS 应用领域的研究热点。特别是针对压制干扰, 各国科研机构和学者为了增强接收机在强干扰环境下的捕获能力, 开展了利用期望信号和干扰信号在时域、变换域、空域的特性差别来检测和消除干扰信号的抗干扰技术 [20–23], 并取得了大量的研究成果, 成为保障 GNSS 服务可用性的 "坚盾"。然而，自 20 世纪 90 年代 "导航战" 提出以来，干扰技术作为争夺制导航权的 "利剑" 也得到了足够的重视，并随着电子信息技术的发展，新的干扰样式 [24,25]、策略 [26-30] 层出不穷：GNSS 面临的干扰由最初的单站简单样式的干扰，经历了多站分布式协同干扰，正在向着网络化、智能化多类型干扰协同的方向发展。各种类型的压制干扰机高低搭配、智能组合、网络化协同已成为阻断对方 GNSS 信息链路手段的发展趋势，这些网络化协同的有意干扰与其他军用和民用的大量电子辐射源所产生的辐射信号交织在一起，形成复杂的混合干扰环境。在电磁环境日益复杂与 GNSS 接收机空间资源不足的矛盾愈发突出的背景下 [31,32]，现有的利用信号时、频、空、时频或空时域特征的抗干扰技术面临着如下挑战：

(1) 在复杂的战场电磁环境中，卫星导航接收机面临的将不再是单一类型的压制干扰，而是多种类型干扰混合共存的情况 [165]；现有的抗干扰方法基本上是针对具有某一种维度特性的干扰进行设计的，无法满足对抗混合干扰的需求。若采用多种算法组合的策略进行干扰抑制，则包含两个基本问题：① 具有不同维度特性的干扰同时存在于接收信号中时，如何有效地完成干扰检测与识别；② 如何对具有相同维度特性的多种干扰进行抑制，以及应按照何种顺序对具有不同维度特性的多种类型干扰进行抑制。

(2) 在多种压制干扰共存的环境中，现有抗干扰抑制算法希望增加阵列天线的阵元数目以提高抗干扰能力，这就无法满足某些小型平台对抗干扰接收机的体积要求。所以，如何利用信号多域特征信息以减少对空域自由度的需求。

综上所述，干扰技术的快速发展促使新型 GNSS 压制干扰源在对抗环境中广泛部署，这些干扰源相互协作，给卫星导航接收机的捕获处理带来了巨大困难，使得抗干扰处理成为限制 GNSS 可用性的重要因素。因此，亟须针对现有卫星导航信号抗干扰方法在混合干扰环境下面临的问题，探索干扰检测与抑制的新思路。

1.2　卫星导航接收机抗压制干扰技术的国内外研究现状

卫星导航接收机对抗强射频干扰 (压制干扰)，可以根据接收机使用场景灵活地设计抗干扰方法和指标，具有周期短、成本低等优点，是目前 GNSS 抗干扰的主要研究方向 [20,33]。根据接收机各环节的功能特点及信号特性，可以通过不同的设计手段在天线、中频处理、数字信号处理等阶段或者综合各阶段的特性完成干扰检测与抑制 [34-36]。图 1.2.1 为典型 GNSS 导航接收机结构及解扩前压制干扰检测与抑制策略示意

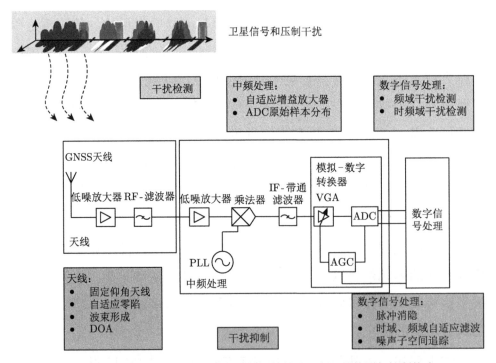

图 1.2.1　典型 GNSS 导航接收机结构及解扩前压制干扰检测与抑制策略

RF：射频；IF：中频；PLL：锁相环；VGA：可变增益放大器；AGC：自动增益控制；ADC：模数转换

图,其中数字信号处理具有设计灵活、可重构性高的特点[37],本书的主要内容为利用数字化处理后的中频接收数据进行干扰检测与抑制。

根据抗干扰技术所需天线阵元个数,可以将现有的解扩前抗干扰算法分为基于单天线的抗干扰技术和基于天线阵的抗干扰技术。基于单天线的抗干扰技术,具有体积小、硬件复杂度低的优点;但他们只能处理某些具有时频稀疏性的干扰,且对多个干扰处理能力不强。基于阵列天线的抗干扰技术,可以利用阵列天线的空间分辨力,对干扰和期望信号在空域进行区分;该类技术可以抑制窄带干扰和宽带干扰,且适用于多干扰共存的复杂接收场景。

1.2.1 基于单天线的抗干扰技术

基于单天线的抗干扰技术主要包括时域抗干扰技术和变换域抗干扰技术,该类技术只需要一个接收天线,复杂度低、空间成本小,适用于硬件成本或者空间资源受限的接收机,已被广泛应用于民用和军用卫星导航接收机,但是它们不具备空间分辨能力,仅适用于对抗窄带干扰、形式较简单的宽带干扰以及较强的带外干扰。

1. 时域抗干扰技术

时域抗干扰技术的基本思想是利用干扰信号和期望信号在时域可检测或可预测性的差异,通过某种准则检测干扰分量并将其消除,从而达到抑制干扰的目的[38],主要包括脉冲消隐技术和时域自适应滤波器技术。脉冲消隐技术实现简单,被广泛用于 GNSS 接收机中[39]。但是该类方法只适用于抑制强脉冲干扰,对于具有钟形包络的脉冲效果不佳,且时域消隐处理会导致期望信号中有用的信息丢失。

时域自适应滤波技术,采用合适的滤波器结构,并通过自适应算法实时调节预测滤波器的权值,进而自适应地消除具有平稳特性的窄带干扰信号。自适应滤波器技术[40]自 20 世纪 40 年代被提出以来,大量的学者对其进行了研究，相继提出了一系列的改进算法，例如基于系数可变的无限脉冲响应 (Infinite Impulse Response, IIR) 滤波器的自适应陷波算法 [41] 等。时域自适应滤波方法以其体积小、易于实现的优点，在 20 世纪 90 年代就被应用于 GNSS 抗干扰领域，例如五月花通信公司 (Mayflower Communications Company) 研制的时域自适应滤波器 (Adaptive Temporal Filter，ATF) 芯片 [42]，能够有效提升 GPS 接收机的抗干扰能力。2015 年以后，基于时域自适应滤波的卫星导航抗干扰技术的研究成果主要有：文献 [43] 提出一种并行滤波器结构，通过对各个滤波器设定不同的初始检测频率和收敛范围，可以利用较少的计算资源实现对多个连续波干扰的检测与抑制。文献 [44] 提出将有限脉冲响应 (Finite Impulse Response, FIR) 滤波器和近似条件平均 (Approximate Conditional Mean, ACM) 滤波器相结合，以降低 FIR 滤波器的自噪声效应的影响，并克服 ACM 滤波器无法有效处理弱干扰的问题。文献 [45] 提出一种利用神经网络技术自适应地求解陷波器权值，避免了在更新权值和阈值过程中的复杂运算，并提高了陷波器的输出性能。文献 [46] 将无迹卡尔曼滤波器 (Unscented Kalman Filter, UKF) 和循环神经网络 (Recurrent Neural Network, RNN) 滤波器融合，提出一种自适应无迹扩展卡尔曼–循环神经网络 (UKF-RNN) 滤波器，该方法能够有效对抗多种干扰样式，例如单音连续波干扰、多音连续波干扰以及脉冲连续干扰等，并且具有较快的收敛速率。

作为一种单孔径技术，时域抗干扰技术在干扰带宽大于期望信号通带的 10% 时抗干扰能力急剧下降；并且在多干扰情况下，算法复杂度较高，且无法抑制快变化的干扰 [13]。

2. 变换域抗干扰技术

变换域抗干扰技术是将接收信号映射到变换域 (频域、时频域等)，利用干扰与期望信号在变换域上的特征差异，采用干扰检测算法实现干扰参数估计，并通过脉冲消隐方法或者滤波器滤除干扰信号，将处理后的信号逆变换回时域 [47]，或者根据估计的参数重构出干扰信号波形再将其从接收信号中消除 [48,49]。变换域抗干扰技术的主要研究方向包括：变换域及变换方法的选择与优化和干扰检测算法的设计。

所选取的变换域或变换方法不同，均可能导致所获得干扰分布特征的差异，所以变换域及变换方法需要根据接收环境中的干扰类型进行选择或优化。频域是应用最早也是最常用的一种变换域，平稳窄带干扰信号在频域具有较高的聚集性，且频域数据可以通过快速傅里叶变换 (Fast Fourier Transform, FFT) 快速获取 [49]，具有很强的实用性。为了解决离散傅里叶变换 (Discrete Fourier Transform, DFT) 的频谱泄漏问题，文献 [50] 提出一种重叠加窗的变换方法，该方法能够在一定程度上减小期望信号的损失。随着干扰技术的不断发展，非平稳时变干扰在对抗环境中的作用日渐凸显，所以循环谱分析、时频分析手段被引入到抗干扰领域 [7,13]。典型的时频变换方法有：短时傅里叶变换 (Short-Time Fourier Transform, STFT)[51]、小波变换 (Wavelet Transform, WT)[52]、多项式傅里叶变换等 [53]。为了进一步提高干扰信号在变换域的聚集性以获得更加精确的检测结果，一些新的变换方法相继被提出并应用于 GNSS 干扰检测与抑制领域。文献 [55] 采用多尺度 STFT，以增加较少的计算量为代价，提高了干扰信号的时频聚集性；文献 [56] 将重排技术和平滑伪 Wigner-Ville 分布 (Wigner-Ville Distribution, WVD) 相结合提出重排平滑伪 Wigner-Ville 分布 (Reassigned Smoothed Pseudo Wigner-Ville Distribution, RSPWVD)，实现了增强干扰信号时频分布的聚集性、提升时频分辨率，并达到降低交叉项干扰的目的；文献 [48] 利用时间调制加窗全相位离散傅里叶变换 (Time-Modulated Windowed All-Phase DFT, TMWAP-DFT) 检测航空测距设备 (Distance Measurement Equipment, DME) 发射脉冲信号的频率参数；文献 [49] 采用小波包变换，检测快变干扰信号的时频参数并对干扰信号波形进行预测。另外，随着压缩感知理论的日渐成熟，文献 [57] 将压缩感知理论引入到 GNSS 抗干扰领域，以降低接收采样速率，以及干扰检测与抑制处理的计算量。

确保干扰信号在分布不同、功率不同的情况下，干扰成分都可以被准确检测出来，这是干扰检测算法的目标。典型干扰检测算法有：门限处理法 [58,59]，K 谱线方法 [60]，中值滤波方法 [61]，权值泄漏方法 [62] 等。相对于以上这些传统方法，文献 [63] 提出一种改进的频谱幅度域处理法，提高了窄带干扰检测的鲁棒性和实用性。文献 [52] 提出一种基于平均绝对方差 (Average Absolute Deviation, AAD) 的自适应软门限计算方法，该方法能够有效利用信号及噪声在时频域的分布特性实现干扰检测的目的。

变换域抗干扰技术的效率独立于干扰数目，适用于多窄带干扰的场景，并且能够有效处理线性扫频等非平稳宽带干扰信号，被认为是一种极具潜力的抗干扰策略，但是该类算法仅适用于窄带干扰和时频能量分布聚集性较强的宽带干扰，对于复杂形式的宽带干扰或者宽带干扰个数较多的情况下无能为力。

1.2.2 基于天线阵的抗干扰技术

基于天线阵的抗干扰技术，可以利用天线阵的空间分辨力对抗多种类型的干扰信号，提高了导航接收机对抗复杂干扰及混合干扰环境的能力 [64]。根据阵元是否具有同时测量空间电磁场电场分量和磁场分量的能力，可以将天线阵分为标量天线阵和矢量天线阵。矢量天线阵能够利用入射信号的极化状态，提升处理多干扰的能力。但是，相对标量天线，矢量天线阵元体积较大、设计复杂，阵元间距较小时，阵元间的互耦效应更加严重 [65]，这些因素均不利于矢量天线阵的小型化设计。另外，矢量阵信号处理技术一般是在标量阵信号处理技术的基础上衍生得到的。因此基于标量天线阵的抗干扰技术是 GNSS 抗干扰领域的研究重点，本书的研究内容也是以标量天线阵为例进行论证。为了叙述的简洁性，若无特别说明，在本书中所提及的基于天线阵的抗干扰技术特指基于标量天线阵的抗干扰技术。典型的基于天线阵的抗干扰技术可以分为空域滤波技术和空时滤波技术。

1. 空域滤波技术

空域滤波技术，又称空域抗干扰技术，主要是利用干扰信号与期望信号在空域的不同分布特性，自适应地控制天线波束实现消除与期望信号来向不同的干扰的目的，解决了时域和变换域抗干扰技术均无法消除与期望信号在时域和变换域都不具有可分性的宽带干扰的难题 [66]。在 GNSS 抗干扰领域，最具代表性的空域滤波器的权值计算方法有功率倒置 (Power-Inversion, PI) 算法 (也称为最小输出功率 (Minimum Output Power, MOP) 算法)[67]、最小方差无畸变响应 (Minimum Variance Distortionless Response, MVDR) 算法 [68,69] 和最小功率无畸变响应 (Minimum Power Distortionless Response, MPDR) 算法 [70]。PI 算法无须干扰与期望信号的先验信息，能够在强干扰方向形成零陷以抑制干扰，该方法计算复杂度低、实现简单。但是它对弱干扰 (干噪比 (Interference to Noise Ratio, INR)<20dB) 的抑制性能不佳 [71]，而且对期望信号没有任何约束，因此无法保证期望信号的增益。MVDR 算法和 MPDR 算法通过对期望信号来向的波束响应进行约束，能够使空域滤波器具有对期望信号的无失真响应，同时抑制其他来向的干扰。但是 MVDR 算法需要估计不含期望信号的干扰噪声的协方差，而 MPDR 则利用了导航接收机处的 GNSS 信号功率明显小于干扰信号功率的特点，直接采用接收信号的协方差求解空域滤波器权值。这些方法自 20 世纪 90 年代引入 GNSS 接收机抗干扰领域以来，已经成功应用于实际装备中，例如，波音公司研制的 4 元天线阵抗干扰接收机可以自适应地调整天线波束图的零陷，提高了联合直接攻击弹药 (JDAM) 上卫星导航

设备的抗干扰能力 [72]；NovAtel 公司研发的小型化 GNSS 抗干扰技术 (GNSS Anti-Jam Technology, GAJT)[73]，采用 7 元天线阵，最多可对强抗干扰数达到 6 个。

为了提升空域滤波器对抗复杂干扰环境的能力，基于多天线的空域抗干扰技术得到更加深入的研究。为了降低传统空时滤波算法的计算复杂度以及硬件成本，文献 [74] 将压缩感知理论引入到 GNSS 抗干扰领域，该类算法可以降低采样速率，并用较少的采样数据完成干扰抑制。针对 PI 算法参考阵元的选取问题，文献 [75] 分析了在不同干扰条件下，参考阵元相对位置对抗干扰性能的影响；文献 [76,77] 提出联合捕获结果的最优阵元选择方法，该方法以最优捕获结果为依据，自适应地选取参考阵元；文献 [78] 指出可以通过选择合适的参考阵元，降低通道失配的影响，并提出根据输出功率选择最优的参考阵元，以提高干扰抑制的性能。针对盲自适应波束算法 (例如 PI 算法) 没有对期望信号进行约束而导致的卫星导航信号失真问题，文献 [79] 利用对称阵型中阵元的对称性，估计自适应滤波器所引起的信号失真参数，进而计算出补偿权值矢量；文献 [80] 提出基于导航信号自相关特性的导向矢量估计方法，进而估计出盲自适应波束形成引入的载波误差，并对其进行补偿。针对高动态应用场景下，由干扰来向在短时间内的剧烈变化引起的常规算法性能下降问题，除了典型的零陷展宽策略 [81]，文献 [82] 提出利用隐马尔科夫过程检测子频带内干扰特性，再采用多行约束 PI 算法进行干扰消除，以提高处理快变干扰的效能；文献 [83] 提出利用干扰信号空间谱的稀疏特性，采用短快拍 (单快拍) 波达方向 (Direction of Arrive, DOA) 估计方法估计干扰来向，进而快速构造干扰子空间，然后通过正交子空间投影算法抑制干扰，该方法可以根据干扰源的瞬时 DOA 信息，快速更新空域滤波器权值，因此其在高动态环境下有较高的鲁棒性。针对空间邻近干扰 (入射方向在主波束内的干扰) 引起的空域滤波输出信噪比下降问题，文献 [84] 提出一种协方差矩阵重构方法，先将空间邻近干扰在协方差矩阵中剔除，实现抑制其他干扰的目的，然后再利用特征保护矩阵消除空间邻近干扰。针对均匀线阵无法分辨位于同一模糊锥面的期望信号与干扰信号的缺点，文献 [85] 分析了各信号间的空间相关系数 [86] 与阵列方位的关系，提出以最优空间相关系数为优化目标，对线阵进行旋转以获得最佳的抗干扰性能。针对在某些干扰场景下，由于干扰与期望信号的空间相关性较高而引起的基于固定阵型的空域滤波算法的干扰抑制效能下降问题，文献 [87,88] 研究了可重构阵型技术，该类方法通过在冗余天线阵中选取合适的阵元，以降低干扰与期望信号间的相关性，进而在不增加射频通道的前提下，提高抗干扰性能。针对基于匀线阵的空域滤波器抑制干扰的效能受限于阵元数和阵列孔径的问题，文献 [89] 提出一种基于联合互质阵列的卫星导航抗干扰算法，该方法能够在不增加阵元的情况下获得较大的阵列孔径，以提高对于多干扰的空间分辨能力，从而在抑制多干扰的同时增强对期望信号的增益。

2. 空时滤波技术

在干扰信号和卫星信号夹角较小 (甚至同向) 时，空域抗干扰技术在消除干扰的同时，导航信号损失很大；另外，空域抗干扰技术能够抑制的干扰个数为阵元数减一。为了进一步挖掘天线阵的潜力，增加基于天线阵抗干扰技术的干扰抑制自由度，空时自适应处理 (Space-Time Adptive Processing, STAP) 算法和空频自适应处理 (Space-Frequency Adptive Processing, SFAP) 算法于 20 世纪 90 年代被引入 GNSS 接收机中用于消除宽带射频干扰及其多径分量 [90]。同时文献 [90] 指出在延迟抽头数与等效的 DFT 位数相当时，STAP 与 SFAP 是等效的。R. L. Fante 等学者全面研究了 STAP 抗干扰算法的优化准则问题、干扰多径的影响，分析不同约束准则下系统的性能 [91−93]。该类算法能够在不增加天线数量的前提下大幅提高抑制窄带干扰的个数。STAP 由于在多干扰环境下的优良性能，被迅速地应用于实际装备中，例如洛克韦尔·柯林斯公司和洛克希德·马丁公司联合研制的 G-STAR 系统，能够自适应地调整空时二维滤波器的权值，使得对 GNSS 信号的接收达到最优。雷声公司采用 7 阵元天线和 SFAP 技术研制的 DAR(Digital Antijam Receiver) 具有使主波束指向卫星的能力，能够在滤除干扰的同时有效增强卫星导航信号的增益。

　　STAP 虽然提高了系统抑制窄带干扰的自由度，但是随着延迟抽头数的增加，空时二维联合处理的计算量骤增。另一个缺陷是，传统 STAP 中的 FIR 滤波器结构会引起导航信号的失真 [94,95]。为了便于实时实现，降低 STAP 算法的计算复杂度是该领域的一个研究热点，文献 [95] 提出利用多级嵌套维纳滤波理论降低 STAP 算法的复杂度，采用变换矩阵将矢量权求解问题转化为若干个标量权进行求解，该方法避免了传统 STAP 算法中高维矩阵运算；文献 [96–99] 采用子空间的方法进行矩阵分析，以较小的代价实现子空间估计，具有低复杂度的特征，提高了空时处理的实时性。文献 [100] 将压缩感知理论与 STAP 算法相结合，以降低空时处理过程中的数据量。为了降低空时处理过程引起的卫星导航信号失真，文献 [101–103] 分别研究了利用线性约束或者正交约束的思想优化空时权值的求解准则，在一定程度上降低了空时处理对 GNSS 信号的影响，提高了干扰抑制后的定位精度。另外，针对高动态场景下空域滤波器权值更新滞后，零陷无法对准干扰的问题，文献 [104,105] 在传统零陷展宽算法的基础上，分别提出了统计零陷展宽方法和基于拉普拉斯分布的空时零陷加宽算法。考虑到传统 STAP 中，延迟抽头数越多计算量越大，信号失真越严重，且干扰抑制性能并不是一直随着抽头数的增加而增加，文献 [106] 提出根据干扰环境，实时地调节 STAP 中的时域延迟抽头的个数，以提高 STAP 处理的实时性并缓解卫星导航信号的畸变。

1.2.3　多域联合抗干扰技术

上述抗干扰技术的出现提高了 GNSS 接收机对抗传统干扰信号的性能，但是随着 GNSS 所面临电磁环境复杂程度的增加，尤其鉴于 GNSS 在军事、犯罪监控、侦察方面的重要作用，在导航战的需求下，新的 GNSS 干扰技术、策略层出不穷，例如文献 [101,108] 提出了利用干扰效率更高、难以在解扩前的预处理中被削弱的时频域高能信号，文献 [109] 指出可以利用网络化、智能化的技术在特定区域内形成多种干扰协同组合的干扰环境以削弱抗干扰算法的效能，并提高干扰源的隐蔽性。1.2.1 节所述基于单天线的抗干扰技术的研究思路一般是针对某一类型干扰信号的特点进行分析、总结而得到干扰检测与抑制方法，所以当干扰类型发生变化或者多种类型干扰同时存在时，时域和变换域抗干扰算法无法完成干扰信号的检测与抑制。基于天线阵的抗干扰技术，可以利用干扰信号与期望信号的空间差异对干扰进行抑制，虽然可以对抗多种干扰。但是只利用空间或空时自由度进行抗干扰，最多可处理的宽带干扰个数为阵元数减一，因此现有基于天线阵的抗干扰算法也面临巨大挑战 [31,32]：① 在接收机体积受限 (例如装备于导引头、无人机等空间资源有限平台的接收机) 的情况下，由于无法装备足够的天线阵元，其无法有效对抗日益复杂的干扰；② 干扰个数较多时，干扰之间相互影响，导致空域 “奇点” 的产生 [110,111]，降低了天线阵波束的有效空域接收范围 [112]。

因此，在不增加天线阵元数的前提下提高卫星导航接收机对抗多干扰尤其是多种类混合干扰的能力，已经是现代 GNSS 接收机急需解决的难题，并逐渐进入相关领域学者的视野。针对窄带干扰与宽带干扰共存的情况，文献 [113] 指出，将已有抗干扰方法进行级联，可以提高限定体积设备应对复杂接收环境的能力。据此，文献 [114] 提出先采用时域滤波方法消除窄带干扰，然后通过空域滤波器抑制宽带干扰，最后利用恒模算法将剩余干扰剔除。文献 [115] 提出先用 N-Sigma 算法检测并抑制窄带干扰，再用空时处理滤除剩余干扰。文献 [116] 先采用三系数滤波器模型对连续波 (Continuous Wave, CW) 干扰进行建模，构建非线性卡尔曼型滤波器 (KRF)，利用该滤波器消除窄带干扰，再将各路滤波器的输出送入 STAP 进行宽带干扰的抑制。此外，针对窄带干扰和脉冲干扰共存时，由于两者时域和频域特性重叠而引起的相关参数估计误差较大的问题，国防科技大学的科研工作者提出了基于最小能量块的抗干扰技术，避免了两种干扰的相互影响，降低了基于单天线的抗干扰处理对 GNSS 信号的损伤 [117,118]。针对脉冲干扰与调频干扰共存时，脉冲干扰消隐后，由于采样数据丢失而导致的调频干扰检测误差问题，坦普尔大学与哈尔滨工程大学的学者联合提出利用稀疏重构思想恢复调频信号时频特征，以提高干扰检测的准确性 [119–121]。针对强弱干扰共存的情况，文献 [122] 提出基于差分阵列与干扰源 DOA 技术的两级开环抗干扰方法，利用差分阵列的特性完成欠定 DOA 估计并检测出各干扰信号功率，通过空域滤波消除其中的强干扰 (干信比 >30dB)。该方法只针对强干扰进行抑制，弱干扰则通过导航信号扩频增益进行对抗。针对强脉冲干扰与宽带干扰共存的场景，文献 [123] 提出可以通过样本选择得到宽带噪声干扰协方差矩阵估计，进而采用 STAP 消除宽带噪声干扰，再通过时域脉冲消隐技术剔除剩余的脉冲干扰。

综上分析，针对混合干扰环境下，如何利用空、时、频等多域融合信息，完成干扰信号检测与抑制、突破现有空 (空时) 域抗干扰方法可处理宽带干扰个数小于阵元数的瓶颈的研究正处于起步阶段。已有成果虽然可以应对特定的混合干扰环境，但是仍有较大局限性：级联抗干扰算法具有较好的普适性，但是在窄带干扰能量相对较弱的混合干扰环境下，其前级窄带干扰检测与算法可能失效；其他算法能够在特定的场景下取得较好的效果，但是其使用范围较小。

1.3 本书的主要工作和结构安排

1.3.1 本书的主要工作

尽管现有的级联抗干扰方法将基于单天线的干扰抑制技术与基于天线阵的抗干扰技术相结合，在一定程度上实现了在不增加天线阵元数的前提下提高 GNSS 接收机对抗混合干扰能力的目的，但仍存在一些不足，例如：各种类干扰信号在空时频域严重交叠导致干扰信号的检测不理想问题；现代 GNSS 干扰机常采用的时频稀疏干扰信号具有时频域随机性强、全局频带宽的特点，使得传统的空时抗干扰方法无法适用于干扰个数大于阵元数的混合干扰环境。因此，单纯地将已有干扰抑制方法级联，无法有效地利用混合干扰信号的多维度特征实现多干扰消除。

针对上述问题，本书突破传统的在变换域、空域、空时域进行干扰抑制的思想，从干扰信号的波形维度、广义周期特性维度、空时频分布特性维度上挖掘干扰信号的稀疏特性，在此基础上提出了新的干扰信号检测与抑制方法，并对所提方法的性能进行了验证分析。本书的主要工作如下：

(1) 针对在多种类干扰信号相互交叠的情况下，传统抗干扰方法无法有效完成干扰信号检测与抑制的问题，在分析已知波形样式的干扰信号在混合干扰环境下可检测性的基础上，将稀疏分解思想引入 GNSS 接收机抗干扰处理中；为了提高稀疏分解算法的精度并降低其计算量，优化过完备原子字典设计策略，并将具有连续优化空间的双链量子遗传算法 (Double Chains Quantum Genetic Algorithm, DCQGA) 进行改进并融入匹配追踪 (Matching Pursuit, MP) 算法中，进而提出一种基于高密度编码双链量子遗传匹配追踪 (High-density-coding Double Chains Quantum Genetic Matching Pursuit, HDCQGMP)-稀疏分解的多通道干扰信号波形检测与抑制方法。

(2) 针对传统空域或空时域抗干扰技术不能有效消除大于阵元数的宽带调频干扰的问题，在分析宽带周期调频 (Wide-Band Periodic Frequency Modulated, WBPFM) 干扰信号广义周期特性的基础上，提出可按照调频周期将宽带周期调频干扰信号分解为窄带信号。据此，研究基于时域数据重组的空时抗干扰方法。首先，为了获取接收信号中周期调频分量的最小公周期，对传统基于奇异值比谱 (Singular Value Ratio, SVR) 的周期检测技术进行了改进，使其适应周期调频分量能量相对不高且周期调频分量个数较多的场景；然后，为了保证在消除干扰的同时，避免引起期望信号失真，采用正交最小功率无畸变响应 (Orthogonal Minimum Power Distortionless Response, OMPDR) 准则求解空时处理器的权值。

(3) 针对现有基于天线阵的抗干扰方法不具备空时频联合处理能力的问题，提出基于公周期时频点重组的空时频抗干扰方法。在分析多分量信号自相关函数特性的基础上，提出采用基于自相关函数的公周期检测技术估计接收信号中周期时频稀疏干扰信号的公周期；然后利用周期时频稀疏干扰信号的能量在时频域呈周期性稀疏分布的特性，通过时频数据重组将空域或空时域面临的欠定宽带干扰抑制问题转化为空时频域适定干扰抑制问题，并采用空时频联合最小输出功率准则求解滤波器权值以实现干扰消除。

(4) 针对由于现有信号处理方法不能有效检测混合干扰信号中非周期时频稀疏干扰信号分布规律，无法获得时频数据重组先验信息的问题，考虑到不同的干扰源具有不同的空间位置，将具有相同波达方向干扰信号的时频点视为 "同源时频点"，提出了一种基于子空间追踪的单时频点 DOA 检测技术，以克服现有单快拍 DOA 估计方法需要特定的阵列结构或者所需阵元数较多的缺点。

1.3.2 本书内容的结构安排

为了在不增加阵元个数的前提下, 提高卫星导航接收机的抗干扰能力, 本书探索抗干扰处理的新思路, 挖掘不同维度的干扰信号特征, 在多个维度实现干扰信号检测与抑制, 本书共分为 5 章, 主要研究内容及各章节关系如图 1.3.1 所示。根据不同的干扰环境, 可以在第 3~5 章所研究算法中选择一种进行抗干扰处理; 当接收机所面临干扰环境包含多种干扰信号时, 也可以将本书所研究的算法进行联合使用。图 1.3.2 给出了一种多维联合抗干扰处理流程, 首先利用基于波形信息稀疏分解的抗干扰方法消除各接收通道中已知波形样式的干扰信号, 以节省天线阵的空时自由度; 然后, 将天线阵划分成 N_1 个重叠子阵, 利用基于时域数据重组的空时抗干扰方法消除混合干扰中的周期调频干扰信号; 继而, 将 N_1 个子阵的输出划分成 N_2 个重叠子阵, 利用基于公周期时频数据重组的空时频抗干扰方法抑制周期时频稀疏干扰; 最后, 采用基于同源时频点检测与重组的空时频抗干扰方法消除剩余干扰; 其中 N 为天线阵阵元总数, N_1 和 N_2 分别为重叠子阵的个数, 满足 $N_2 < N_1 < N$, 相关重叠子阵理论可参考文献 [124, 125]。该方法可以综合利用混合干扰信号在多个维度的特征, 提高天线阵对抗混合干扰环境的能力。

本书结构安排如下。

第 1 章: 阐明本书的研究背景和意义, 评析卫星导航接收机抗压制干扰技术的国内外研究现状, 介绍研究思路、本书的主要内容以及章节安排。

第 2 章: 介绍基于天线阵的抗干扰方法原理及接收信号模型, 对GNSS 接收机所面临的干扰形式及混合干扰环境进行分析, 并阐明现有基于天线阵的抗干扰方法的特点及其局限性。

第 3 章: 分析已知波形样式干扰信号在混合干扰环境下的可检测性, 提出基于 HDCQGMP-稀疏分解的多通道干扰信号波形检测与抑制

方法，消除接收信号中已知波形样式的干扰信号，并验证所提方法及其
与空域滤波器级联方法的抗干扰性能。

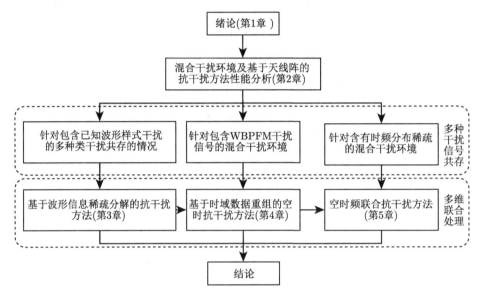

图 1.3.1   本书主要内容及各章节关系示意图

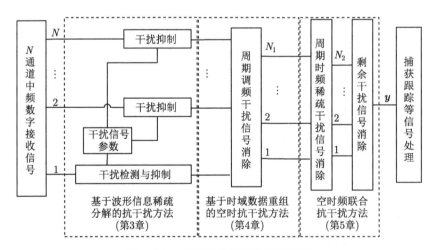

图 1.3.2   多维联合抗干扰处理流程

第 4 章：分析周期调频干扰信号的广义周期特性，研究基于时域
数据重组的空时抗干扰方法，将宽带周期调频干扰信号分解为窄带信号

以提升天线阵处理宽带调频干扰信号的个数；完成所提方法的有效性验证。

第 5 章：分析时频稀疏干扰信号的时频分布特征，提出"空时频阻塞率"以评估干扰环境的复杂度；提出基于公周期时频点重组的空时频抗干扰方法和基于同源时频点检测与重组的空时频抗干扰方法，充分利用干扰信号的时频稀疏特性以增强 GNSS 接收机处理混合干扰能力；验证所提方法的有效性，并分析在不同干扰环境下本书所研究算法的性能。

为突出本书的主要工作，便于后续章节分析，设定如下前提条件：

(1) 不考虑对流层和电离层对卫星导航信号的影响；

(2) 不考虑阵列阵元间互耦、通道失配等非理想因素的影响；

(3) 不考虑射频前端滤波器、ADC 限幅和量化影响；

(4) 除特别说明，不考虑导航信号和干扰信号的多径；

(5) 不考虑本地载波信号和码信号的非理想损耗；

(6) 本书中所提及的信噪比 (Signal to Noise Ratio, SNR) 表示期望信号与期望信号有效频带内接收机热噪声的功率比，类似地，干噪比 (INR) 表示期望信号有效频带内干扰信号与接收机热噪声功率之比；

(7) 在接收机射频、中频或基带处理阶段均可以采用所研究方法进行干扰检测与抑制，考虑到信号数字化处理难易程度及其他因素，本书中仿真数据为下变频、数字化处理后的中频接收信号数据。相关内容可以参考文献 [1,8,13,165]，此外，GNSS 信号、干扰信号及接收信号等仿真数据的生成可以参考文献 [166–168]。

第 2 章　混合干扰环境及基于天线阵的抗干扰方法性能分析

本章将对混合干扰环境以及基于天线阵的卫星导航接收机抗干扰方法的性能进行分析。首先介绍基于天线阵的抗干扰技术原理及接收信号模型，并对卫星导航接收机所面临的干扰类型及混合干扰环境进行分析；然后评析现有的典型基于天线阵的抗干扰方法在混合干扰环境下的性能。

2.1　基于天线阵的接收信号模型

基于天线阵的抗干扰技术可以利用干扰与期望信号的空域信息实现抑制干扰的目的，能够在期望信号与干扰信号空间相关性较低的情况下获得良好的抗干扰效果，是用户接收机广泛采用的克服 GNSS 脆弱性的技术手段。

2.1.1　天线阵及接收信号模型

基于天线阵的抗干扰技术主要实施方式为在卫星导航接收机的前端用一个具有特定形状天线阵接收信号，并在后端选用合适的抗干扰处理结构与自适应处理准则实现抑制干扰和保护期望信号等处理。基于天线阵的抗干扰技术原理如图 2.1.1 所示。

假设有 K 个卫星导航信号、L 个干扰信号，卫星导航信号表示为 $s(t) = [s_1(t), \cdots, s_K(t)]^{\mathrm{T}}$，干扰信号表示为 $j(t) = [j_1(t), \cdots, j_L(t)]^{\mathrm{T}}$，由 GNSS 特点可知，卫星导航信号和干扰信号均位于接收天线的远场

区，且带宽满足窄带接收信号模型，则 N 元天线阵列接收信号可记作

$$\boldsymbol{x}(t) = \boldsymbol{A}_s \boldsymbol{s}(t) + \boldsymbol{A}_j \boldsymbol{j}(t) + \boldsymbol{\eta}(t) \tag{2-1}$$

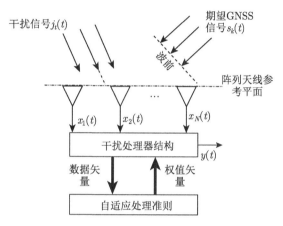

图 2.1.1 基于天线阵的抗干扰技术原理框图

式中 $\boldsymbol{x}(t) = [x_1(t), \cdots, x_N(t)]^{\mathrm{T}}$ 为 $N \times 1$ 维接收信号矢量，每列信号对应一个接收通道；$\boldsymbol{\eta}(t) = [\eta_1(t), \cdots, \eta_N(t)]^{\mathrm{T}}$ 为接收机热噪声矢量，$\boldsymbol{A}_s$、$\boldsymbol{A}_j$ 分别是 $N \times K$ 维卫星信号阵列导向矢量矩阵和 $N \times L$ 维干扰信号导向矢量矩阵。假设 $\boldsymbol{A}(\boldsymbol{\psi})$ 为 L 个信号的导向矢量矩阵，则 $\boldsymbol{A}$ 可以表述为 $\boldsymbol{A}(\boldsymbol{\psi}) = [\boldsymbol{a}(\boldsymbol{\psi}_1), \cdots, \boldsymbol{a}(\boldsymbol{\psi}_L)]$，其中 $\boldsymbol{a}(\boldsymbol{\psi}_l)$ 为第 l 个信号的导向矢量，定义 [101] 为

$$\boldsymbol{a}(\boldsymbol{\psi}_l) = \left[\mathrm{e}^{-\frac{\mathrm{j}2\pi\boldsymbol{\psi}_l^{\mathrm{T}}\boldsymbol{z}_1}{\lambda}}, \mathrm{e}^{-\frac{\mathrm{j}2\pi\boldsymbol{\psi}_l^{\mathrm{T}}\boldsymbol{z}_2}{\lambda}}, \cdots, \mathrm{e}^{-\frac{\mathrm{j}2\pi\boldsymbol{\psi}_l^{\mathrm{T}}\boldsymbol{z}_n}{\lambda}} \right]^{\mathrm{T}} \tag{2-2}$$

式中 λ 代表接收信号波长，$\boldsymbol{\psi}_l$ 表示坐标系中指向信号入射方向的单位矢量，$\boldsymbol{z}_n$ 为第 n 个阵元的位置矢量。由于到达地面接收机处的卫星导航信号能量较低，例如 GPS 的粗/捕获 (Coarse Acquisition, C/A) 码扩频信号的信噪比约为 $-20\mathrm{dB}$，其隐藏于接收机热噪声中，在无须考虑卫星信号来波方向等信息时，基于天线阵的 GNSS 抗干扰接收机接收

信号模型可以表示为

$$x(t) = A_j j(t) + \eta(t) \tag{2-3}$$

此时，$\eta(t)$ 中包含了接收机热噪声和卫星信号。

2.1.2　导航信号模型

鉴于卫星导航通信信道可近似为恒参信道，且星载设备的功率资源有限等因素，各个卫星导航系统在建立伊始，基本都采用了具有恒包络调制特性且频谱利用率较高的相移键控 (Phase Shift Keying, PSK)——二进制相移键控 (Binary Phase Shift Keying, BPSK) 或四进制相移键控 (Quaternary Phase Shift Keying, QPSK) 调制方式。近些年，为了进一步增强 GNSS 的抗干扰能力，提高军用与民用导航信号的分离度，BOC 调制和正交复用二进制偏移载波 (Quadrature Multiplexed BOC, QMBOC) 调制也已经被 GNSS 的建设者采用或者作为储备技术。

由于本书主要研究解扩前的抗干扰算法，不涉及信号调制方式对接收机抗干扰性能的影响，为了便于分析，以 BPSK 调制的直接序列扩频信号为例进行建模和分析，但本书的相关结论也适用于采用其他调制方式的卫星导航系统，如 QPSK 和 BOC。为了更加明确地表述所研究内容的有效性，暂时不考虑由电离层闪烁、接收机射频处理、数字化处理以及其他非理想因素对卫星导航信号的影响，接收机处的第 l 颗卫星的导航信号可以表述为

$$s_l(t) = \sqrt{P_l} d_l(t) c_l(t) e^{-j(2\pi f_{d,l} t + \phi_l)} \tag{2-4}$$

其中，P_l 为接收机处第 l 颗导航信号的功率，$d_l(\cdot)$ 为导航电文数据序列，$c_l(\cdot)$ 为扩频码序列，为便于分析，本书以 GPS 的 C/A 码为例进行分析，其基码速率为 1.023MHz，$f_{d,l}$ 为含多普勒频移的载波频率，ϕ_l 为载波相位。考虑到不同卫星之间的扩频码之间的相关性非常小，且本书

主要研究解扩前抗干扰算法,后续处理中可以只考虑一颗可见卫星的情形并忽略卫星编号及数据调制项,即

$$s\left(t\right)=\sqrt{P}c\left(t\right)\mathrm{e}^{-\mathrm{j}(2\pi f_d t+\phi)} \tag{2-5}$$

2.1.3　干扰信号类型及混合干扰环境特征

　　针对 GNSS 三个组成部分的任一环节进行干扰都可能导致整个系统瘫痪。由于用户接收机是星地传输的接收端,且导航卫星位于距地面约两万千米的太空中,地面接收天线所接收的导航信号很微弱,因此用户区段是卫星导航系统中最脆弱的环节。虽然卫星导航信号采取扩频体制,使卫星导航系统具备了一定的抗干扰能力,但其裕量不足以对抗能量较大的干扰。

　　用户接收机受到的干扰可以分为无意干扰和恶意干扰。无意干扰,为客观存在的恰好落入导航信号通带内的无线电信号。虽然在国际上对于无线电频谱的使用有统一的管理和规定,但是由于现实系统的非线性效应,其他频段上发射信号的谐波有可能落在导航接收机的通带内。恶意干扰,是人为部署的干扰机发射的导致特定地域范围内导航接收机无法正常工作的干扰信号。从干扰体制来看,恶意干扰可以分为压制式干扰和欺骗式干扰;由于压制干扰可以利用较少导航信号信息 (例如只需要信号频率和带宽信息) 即可有效破坏卫星导航接收机对卫星导航信号的捕获、跟踪,而欺骗式干扰则需要预知更多的导航信号信息,例如扩频码、通信协议等,但是处于加密状态的扩频码和通信协议是难以获取的;另外,一般在实施欺骗干扰时,需要先利用压制干扰使卫星导航接收机对真实卫星导航信号的跟踪环路失锁[28,29]。所以压制干扰是GNSS 接收面临的主要威胁,本书以压制干扰的检测和抑制为主要研究内容。按照传统的观点,卫星导航接收机面临的压制干扰可以分为窄带干扰和宽带干扰两种类型,具体如表 2.1.1 所示。

表 2.1.1　干扰类型和典型干扰源

干扰类型		典型干扰源
窄带干扰样式	单点频连续波信号	恶意单点频连续波 (CW) 干扰机或者非调制发射机的载波
	扫频连续波信号	恶意扫频 CW 干扰机或调频发射电台谐波
	相位/频率调制信号	民用发射电台的谐波
宽带干扰样式	脉冲信号	雷达发射机、无线电距离测量设备/战术空中导航系统 (DME/TACAN 系统)、恶意脉冲干扰机
	扫频或扩频信号	恶意扫频 CW 干扰机或扩频干扰机
	相位/频率调制信号	电视台发射机的谐波或者微波链路发射机
	高斯宽带信号	恶意噪声干扰发射机

然而，随着时频分析理论与高速数字信号处理技术的广泛应用，许多新型非平稳干扰信号得以实现并开始应用于导航战领域，仅以干扰信号有效带宽与期望信号带宽之比为依据的干扰类型划分方法已不能满足干扰分析与抗干扰技术发展的需要。本书根据干扰信号的时频域特点将干扰信号分为两类：时频阻塞干扰和时频域能量很集中的时频稀疏干扰，时频稀疏干扰包括典型的时域脉冲干扰、频域窄带干扰以及其他能量在时频分布较集中的干扰。下面对各种干扰进行举例说明。

(1) 时域脉冲干扰是指在时域能量很集中的尖脉冲干扰，典型的脉冲信号可以表示为

$$j(t) = i_p(t) \sum_{l=0}^{\infty} p_0(t - lT_p - T_0) \qquad (2\text{-}6)$$

其中，$i_p(\cdot)$ 表示干扰信号连续成分，p_0 表示周期性脉冲函数，典型的矩形脉冲函数定义为

$$p_0\left(t\right)=\begin{cases}1, & 0\leqslant t\leqslant\rho T_p\\0, & \text{其他}\end{cases}\tag{2-7}$$

其中，ρ 和 T_p 分别表示矩形脉冲的占空比和重复周期，$T_0\in[0,T_p]$ 表示脉冲起始点。如果 $i_p\left(\cdot\right)$ 为带限高斯白噪声 (带宽不小于期望信号带宽)，则该类型干扰信号时域、频域、时频域特征 (由 STFT 得到) 如图 2.1.2 所示。可以看出该干扰只在较少的时域上有能量，但是频域带宽较大。由于其时频域的能量分布具有明显稀疏性，可以认为是时频稀疏干扰的特例。

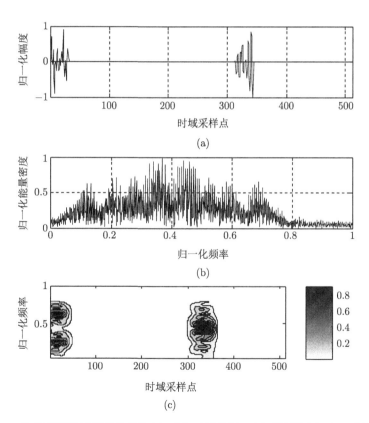

图 2.1.2 宽带高斯脉冲干扰信号特征：(a) 时域特征；(b) 频域特征；(c) 时频域特征

(2) 频域窄带干扰是指在频域能量很集中的干扰信号，典型的干扰

有单音连续波干扰和窄带高斯干扰，可以表示为

$$j(t) = i_{\text{NB}}(t) \, \mathrm{e}^{-\mathrm{j}2\pi f_c t} \tag{2-8}$$

其中，f_c 为载波频率，$i_{\text{NB}}(t)$ 为窄带干扰信号 (带宽一般小于期望信号 10%)，如果 $i_{\text{NB}}(t)$ 为带限高斯白噪声 (带宽不大于期望信号 5%)，则该类型干扰信号特征如图 2.1.3 所示。干扰占据整个时间轴，频率带宽较小且频率基本没有变化。

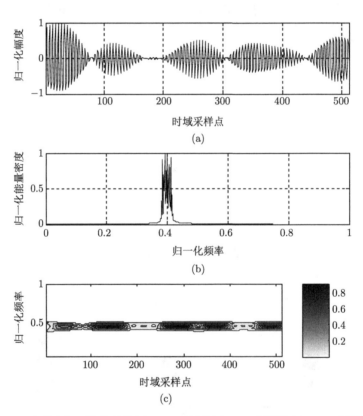

图 2.1.3　窄带高斯干扰信号特征：(a) 时域特征；(b) 频域特征；(c) 时频域特征

(3) 时频阻塞干扰是指在时频域能量分布较均匀的干扰信号，该类干扰能够将期望信号的主要时频特征湮没，一般为带限高斯噪声或者伪随机序列调制得到的信号，带限高斯噪声 (带宽不小于期望信号宽带)

干扰信号的时域、频域、时频域特征如图 2.1.4 所示。该类干扰的带宽较大，能量遍布整个时间轴，几乎可以覆盖整个时频平面。

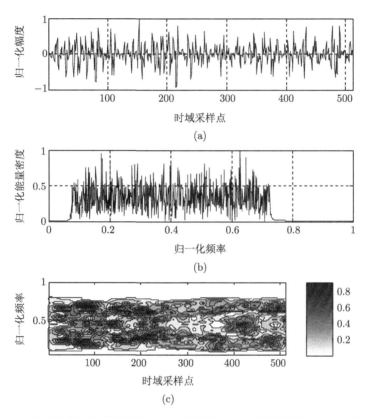

图 2.1.4 宽带高斯干扰信号特征：(a) 时域特征；(b) 频域特征；(c) 时频域特征

(4) 时频稀疏干扰是在时频域能量很集中的时频非平稳干扰信号，可以表述为

$$j\left(t\right) = A_e\left(t\right) e^{-\mathrm{j}2\pi\left(f_M\left(t\right)+f_c t+\varphi\right)} \tag{2-9}$$

其中，$A_e\left(t\right)$ 为幅度调制函数，它可以是连续函数也可以是脉冲函数。$f_M\left(t\right)$ 为频率调制函数，比较多见的为周期锯齿波、三角波、正弦波函数。其中周期锯齿波调频干扰信号特征如图 2.1.5 所示，可看出该类信号虽然在相对较短的时间内带宽较窄，但是由于其调频周期远小于期望

信号解扩所需的相关时间，故常被视作宽带干扰。

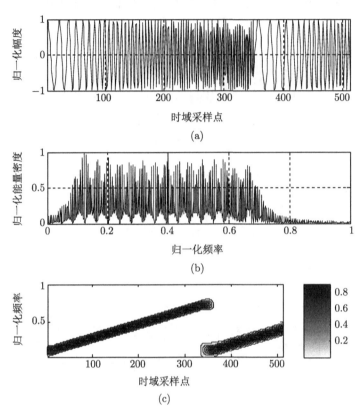

图 2.1.5　周期锯齿波调频干扰信号特征：(a) 时域特征；(b) 频域特征；(c) 时频域特征

　　虽然周期调频信号被视为较有效的干扰信号形式，但是其时频特征具有明显的规律性，所以大量针对该类干扰的时频域抗干扰技术相继被提出。为了增加干扰信号的随机性和突变性以降低其被检测和预测的概率，有研究者提出了高能 Chirplet 非平稳干扰信号[12] 等强随机干扰信号，其中随机分段调频干扰信号特征如图 2.1.6 所示。

　　时频稀疏干扰信号是近几年高效干扰信号模式研究的热点，具有时频域强随机、占空比低、峰值功率高、平均功率低的特点，又由于其频率参数在较宽范围内变化，传统时域和变换域抗干扰算法无法预测其规

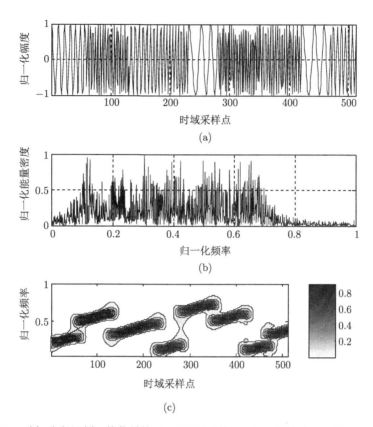

图 2.1.6 随机分段调频干扰信号特征：(a) 时域特征；(b) 频域特征；(c) 时频域特征

律，基于阵列天线的抗干扰算法将其视为宽带干扰，因此该类型干扰相对前三种干扰信号更加难以抑制且能够以较小的能量获得比较好的干扰效果。

为了保证较高的干扰效费比，以及干扰源的隐蔽性，文献 [13,14] 指出可以通过网络化协同干扰策略，即智能地选取以第四类干扰信号为主的多种干扰信号协同作用。图 2.1.7 为图 2.1.2～ 图 2.1.6 中的干扰共存时，干扰信号的特征。

从图 2.1.7 可以发现，多种干扰混合之后，各类干扰信号在时频域相互耦合，尤其当时频阻塞能量相对较大时，对其他类型干扰信号的检测有较大影响。所以若简单地将针对单一类型的抗干扰方法进行组合，

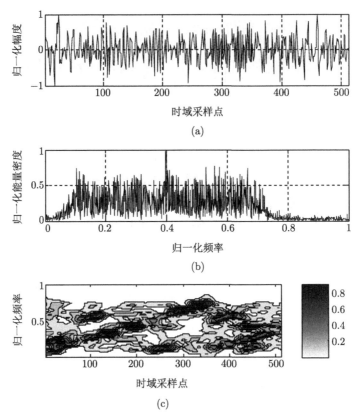

图 2.1.7　图 2.1.2~ 图 2.1.6 中干扰共存时干扰信号特征：(a) 时域特征；(b) 频域特征；
(c) 时频域特征

通常会有干扰检测不理想、干扰残留或期望信号损耗过大的问题，很难达到有效的抗干扰效果。本书的研究内容——多维域融合抗干扰方法，就是在此背景下提出的，其重点是研究以时频稀疏干扰信号为主所形成的混合干扰环境下的抗干扰方法。

2.2　基于天线阵的抗干扰技术性能分析

基于天线阵的抗干扰处理器主要包括干扰处理 (滤波器) 结构与自适应处理准则。对于特定的抗干扰处理结构，可以通过选取不同的自适应最优准则计算所需的权矢量，以利用信号空 (空时) 域信息差异进行干扰检测与抑制。现有适用于阵列信号处理的自适应最优准则主要有：最大信干噪比 (Maximum Signal to Interference Noise Ratio, MSINR) 准则、最小均方误差 (Minimum Mean Square Error, MMSE) 准则、最大似然 (Maximum Likelihood, ML) 准则、线性约束最小方差 (Linear Constraint Minimum Variance, LCMV) 准则等。对于单纯空域滤波器结构，在稳态 SINR 意义下，若各准则的约束条件已知且等价，采用上述准则计算得到的最优权矢量均是维纳解的特例 [7]，即它们是等价的。也就是说，在约束调价已知的条件下，采用不同的准则并不会影响空域滤波器的性能。然而，各准则的约束条件不同，在求解最优权矢量时所需信号的先验信息存在差异。因此，在实际应用中，需要根据可获知的信号先验信息选取合适的准则。MSINR 准则适用于可以预先获知干扰加热噪声成分的协方差矩阵和期望信号导向矢量的场景；MMSE 准则需要预先设定参考信号；LCMV 准则的应用受限于约束矩阵或约束响应向量，需要根据约束条件和已知条件变化；ML 准则必须知道干扰加热噪声的相关统计特性和信号导向矢量。

在卫星导航接收机抗干扰领域，难以在干扰环境下获得期望信号和干扰噪声各自的相关统计特性，所以 MSINR 准则和 ML 准则无法使用。利用卫星信号湮没于热噪声中的特点，由 MMSE 和 LCMV 准则衍生出的 PI 准则可以在未知卫星导航信号导向矢量的前提下，在干扰方向形成零陷实现干扰抑制的目的。然而该方法没有考虑波束指向，无法保证对导航信号的最优接收。LCMV 准则的特例 MPDR 准则，在 PI 准则的基础上添加了对卫星导向矢量的约束，可以在抗干扰的同时保证对卫星导航信号的最优无失真接收。卫星信号的导向矢量可以由卫星的仰角、方位角信息，再结合接收机位置、阵列姿态信息、天线阵阵型信息估计得到 [126,127]，本书中对此不作赘述。

选定最优准则后，最优权值可由代价函数直接求得或通过迭代获得，不同的计算方法拥有不同的收敛速度和稳态误差，其中通过样本协方差矩阵直接求逆算法 (Direct Matrix Inverse, DMI) 虽然计算量较大，但是算法收敛速率快且与特征值散布度无关，不影响所选最优准则的阵列自由度。故以下分析中，最优权值的计算方法选取 DMI 算法。

2.2.1 空域抗干扰技术

空域抗干扰技术，单纯地利用天线阵列接收数据的空域相关性进行空域滤波，以达到抑制干扰信号的目的。在卫星导航抗干扰领域，最小功率算法应用较为广泛，它以阵列信号输出功率最小为准则计算阵列加权矢量，为了防止出现 $\boldsymbol{w} = \boldsymbol{0}$ 的情况，可以使某一通道信号无失真地输出，即其对应的权值为 1，则该算法可以表述为约束最优化问题

$$\boldsymbol{w}_{\text{MOP}} = \arg\min_{\boldsymbol{w}} \boldsymbol{w}^{\text{H}} \boldsymbol{R}_x \boldsymbol{w} \quad \text{s.t.} \quad \boldsymbol{w}^{\text{H}} \boldsymbol{c} = 1 \tag{2-10}$$

其中，$\boldsymbol{c}$ 为约束矢量，如果将第一个阵元接收信号无失真输出，则 $\boldsymbol{c} = [1, 0, \cdots, 0]^{\text{T}}$，其中 0 的个数为 $N-1$，该约束条件即为最小输出功率准则；$\boldsymbol{R}_x$ 为接收信号的协方差矩阵，实际应用中，并不能准确预知接收信号相关性，因此一般采用似然准则，通过估计接收数据获得协方差矩阵，用这个获得的协方差矩阵代替接收信号的协方差矩阵

$$\boldsymbol{R}_x = \frac{1}{L} \sum_{l=1}^{L} \boldsymbol{x}(l) \boldsymbol{x}(l)^{\text{H}} \tag{2-11}$$

利用拉格朗日乘数法可求得最优权矢量 $\boldsymbol{w}_{\text{MOP}}$ 为

$$\boldsymbol{w}_{\text{MOP}} = \frac{\boldsymbol{R}_x^{-1} \boldsymbol{c}}{\boldsymbol{c}^{\text{H}} \boldsymbol{R}_x \boldsymbol{c}} \tag{2-12}$$

在可以获取卫星信号 DOA 的情况下，令最小功率算法中的约束矢量 $\boldsymbol{c} = \boldsymbol{a}_s$，即在保证阵列增益在期望信号方向为常数的约束下，使得阵列信号的总输出功率最小，利用该约束的最优权值计算方法被称为

MPDR 波束形成算法, 该准则能够在滤除干扰信号的同时保证对 GNSS 信号进行无失真的接收。

基于阵列天线的纯空域抗干扰技术能够利用 $N-1$ 个空域自由度有效地处理小于阵元数的与期望信号入射角度不同的干扰信号, 但是由于其不具有其他维度的自由度, 所以当存在与期望信号同向的干扰信号或者干扰信号个数不小于阵元数时, 该类算法失效。

2.2.2 空时抗干扰技术

空时抗干扰技术能够在不增加阵列天线阵元数的情况下, 获得更高的抗干扰自由度, 其模型如图 2.2.1 所示。

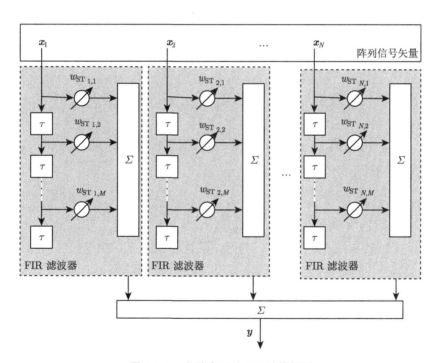

图 2.2.1 传统空时处理器结构框图

从图 2.2.1 中可以看出, 空时抗干扰技术可以视为时域滤波器和空域滤波器的融合应用。对于同一时间延迟节点, 各通道权值的作用相当于空域滤波, 能够形成空域零陷抑制干扰。对于单一阵元, 各个时延抽头相当于时域 FIR 滤波器, 在时域进行干扰消除。因此, 空时抗干扰方法能够利用干扰与期望信号在空域和时域二维平面上的差异实现干扰抑制。近似地, 空时抗干扰方法可以认为是将空域抗干扰技术推广到了空时域, 则空时抗干扰方法具有和空域抗干扰算法近似的计算准则, 例如空时-最小功率无畸变响应 (ST-MPDR) 准则, 其优化模型可以表述为

$$\boldsymbol{w}_{\text{ST-MPDR}} = \arg \min_{\boldsymbol{w}_{\text{ST}}} \boldsymbol{w}_{\text{ST}}^{\text{H}} \boldsymbol{R}_{\text{ST}x} \boldsymbol{w}_{\text{ST}} \quad \text{s.t.} \quad \boldsymbol{w}_{\text{ST}}^{\text{H}} \boldsymbol{c}_{\text{ST}} = 1 \qquad (2\text{-}13)$$

其中, $\boldsymbol{w}_{\text{ST}}$ 为空时权值矢量, $\boldsymbol{R}_{\text{ST}} = \left(\sum_{l=1}^{L} \boldsymbol{x}_{\text{ST}}(l) \boldsymbol{x}_{\text{ST}}(l)^{\text{H}} \right) \Big/ L$ 为空时数据协方差矩阵, $\boldsymbol{x}_{\text{ST}}$ 为空时数据矢量

$$\boldsymbol{x}_{\text{ST}} = [x_{1,1}, x_{2,1}, \cdots, x_{N,1}, \cdots, x_{1,M}, x_{2,M}, \cdots, x_{N,M}]^{\text{T}} \qquad (2\text{-}14)$$

其中, $x_{N,M}$ 代表第 N 个阵元的第 M 级时域抽头的采样数据。$\boldsymbol{c}_{\text{ST}}$ 为 ST-MPDR 准则的约束矢量

$$\boldsymbol{c}_{\text{ST}} = \left[\boldsymbol{a}_s^{\text{T}}, \underbrace{0, \cdots, 0}_{NM-N} \right]^{\text{T}} \qquad (2\text{-}15)$$

理论上, 具有 N 个阵元, 每个阵元有 M 个延迟抽头的空时处理结构, 具有 $MN - 1$ 个自由度, 在 ST-MPDR 准则下, 除了保护已知入射角度的导航信号所消耗的自由度, 其余的自由度均可以用来进行抗干扰。传统的空时处理算法, 只针对某一路信号或者期望信号的入射角度进行约束, 忽略了空时处理过程中, 时域滤波器造成导航信号相关峰的畸变和偏移。而相关峰的失真必然会引起定位精度的降低, 为了在空时处理后, 获得无失真的导航信号信息, 文献 [70] 提出了一种无畸变空时

处理算法，其优化模型为

$$\boldsymbol{w}_{\mathrm{DST}} = \arg\min_{\boldsymbol{w}_{\mathrm{ST}}} \boldsymbol{w}_{\mathrm{ST}}^{\mathrm{H}} \boldsymbol{R}_{\mathrm{ST}x} \boldsymbol{w}_{\mathrm{ST}}$$

$$\mathrm{s.t.} \begin{cases} \boldsymbol{w}_{\frac{M+1}{2}}^{\mathrm{H}} \boldsymbol{a}_s = 1 \\ \boldsymbol{w}_m^{\mathrm{H}} \boldsymbol{a}_s = \left(\boldsymbol{w}_{M-m+1}^{\mathrm{H}} \boldsymbol{a}_s \right)^* \end{cases}, \quad m = 1, 2, \cdots, \frac{M-1}{2} \qquad (2\text{-}16)$$

其中，$\boldsymbol{w}_{\mathrm{ST}} = [\boldsymbol{w}_1^{\mathrm{T}}, \boldsymbol{w}_2^{\mathrm{T}}, \cdots, \boldsymbol{w}_M^{\mathrm{T}}]^{\mathrm{T}}$，$\boldsymbol{w}_m$ 为第 m 级时域抽头对应的权值。通过式 (2-16) 的约束条件，无畸变空时滤波器的频率响应是固定的，且具有线性相位响应，因此该方法可以获得无畸变的导航信号信息。但是，由于约束条件的增加，其空时自由度减少了 $(M+1)/2$。

为了进一步说明空时处理器的特性，设计如下仿真实验：采用 5 阵元等间隔线阵，阵元间距为期望信号波长的二分之一；假设接收环境中只存在一个期望 GNSS 信号，其入射方向为 10°，一个单音干扰信号、一个宽带周期锯齿波调频干扰信号和一个宽带高斯噪声干扰信号，它们分别从 30°、70° 和 −50° 入射，采用空时 PI 准则进行抗干扰，其归一化频率-角度响应如图 2.2.2 所示。

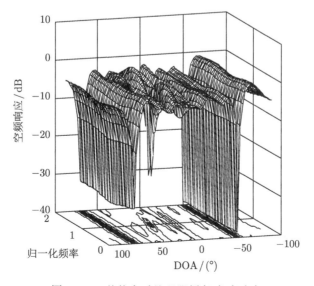

图 2.2.2　传统空时处理器频率-角度响应

图 2.2.2 中宽带锯齿波调频干扰信号和宽带高斯噪声信号具有相似的频率-角度响应，即宽带锯齿波调频干扰信号被视为全局宽带干扰信号。这是因为传统空时处理器中的 FIR 滤波器，只具有特定的频域的全局分辨能力，不能够充分利用周期调频干扰信号随时间变化的特性。因此在传统的空时处理算法中，即使非平稳干扰信号具有明显的时频稀疏性，也会被视作全局宽带干扰进行处理，浪费了天线阵列的空域自由度。

2.2.3 级联抗干扰技术

复杂干扰环境下，对于体积受限而无法装备大规模阵列天线的导航接收机，可以将多种抗干扰技术按照特定顺序进行级联，以提高卫星导航接收对抗混合干扰的能力[87]。图 2.2.3 为典型的基于频域和空域 (空时) 的级联抗干扰处理流程示意图。将各通道接收信号进行傅里叶变换，选择某一通道频域数据进行干扰检测，消除窄带，并将检测出的窄带干扰参数输出，供其他通道滤除干扰使用；在频域进行窄带抑制干扰后，将各通道信号转换到时域并送入空域 (或者空时) 处理器，消除剩余干扰。

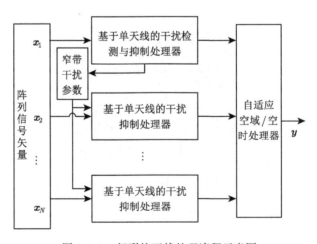

图 2.2.3   级联抗干扰处理流程示意图

当第一级抗干扰方法能够完成干扰信号的检测与抑制时,级联抗干扰策略的优势在于:① 减少空域自由度消耗,进而增大天线阵的有效空域接收范围;② 减小空域 (空时) 处理器输入数据动态范围。但是这些方法是现有基于单天线的抗干扰技术与基于阵列天线的抗干扰技术的简单组合。其性能的优劣取决于前级窄带干扰检测算法的性能,而当在较为复杂的干扰条件下时,例如窄带干扰能量相对较低,湮没于宽带信号中,现有窄带干扰检测法的性能将急剧下降甚至失效,此时级联抗干扰处理器将退化为单纯的空域 (空时) 处理器。而且频域干扰抗干扰方法一般只能处理窄带干扰,无法有效地利用某些宽带干扰信号的特定类型特征,增强前级对宽带干扰信号的处理能力。

2.3 本 章 小 结

本章介绍了天线阵的接收信号模型,同时深入分析了目前卫星导航接收机所面临的压制干扰信号类型,将传统的频域划分方法拓展到了时频域;然后分析了典型基于天线阵的抗干扰技术的特点及其对抗混合干扰环境的不足之处。可以看出,现有基于天线阵的抗干扰算法并没有充分利用混合干扰信号的空、时频域的稀疏特性,当面对混合干扰时,往往要求增加阵元数以获取令人满意的效果。然而,阵元数的增加需要较高的空间成本,这在某些小型化平台及其他空间资源受限的情况下是难以实现的。所以充分挖掘并利用混合干扰信号空、时频稀疏特性,在不增加阵元数的情况下提高卫星导航接收机对抗混合干扰的性能是急需解决的问题。

第 3 章　基于波形信息稀疏分解的抗干扰方法

新的 GNSS 干扰技术、策略层出不穷，卫星导航接收机面临的将不再是单一类型干扰，而是多种类型干扰共存的混合干扰。在多种类干扰混合共存环境下，基于单天线的抗干扰方法难以有效地完成干扰的检测与抑制，现有基于阵列天线的抗干扰算法需要较高的空间和硬件成本，无法在空间资源受限的平台上取得令人满意的效果。针对该问题，将稀疏表示理论与阵列信号处理理论进行融合，提出一种基于波形信息稀疏分解的抗干扰方法——基于高密度编码双链量子遗传匹配追踪(HDCQGMP)-稀疏分解的多通道干扰信号波形检测与抑制方法，进而研究一种基于干扰信号稀疏表示与空域滤波器的级联抗干扰策略，其核心思想是充分利用干扰信号的先验波形样式信息，将其进行稀疏表示并从接收信号中消除以减少对空域自由度的消耗，从而提高天线阵导航接收机对抗混合干扰的能力。

3.1　基于干扰信号稀疏表示与空域滤波器的级联抗干扰方法

不同种类的干扰信号可能在某些维域上存在明显差异，因此在多种类干扰共存的情况下，可以利用不同种类干扰在不同维域的特性差异，对其进行检测和抑制。本章提出一种适用于混合干扰环境的卫星导航接收机级联式抗干扰策略，其原理框图如图 3.1.1 所示。首先，第一级需要在混合干扰环境条件下完成对目标干扰信号的检测与抑制，其性能的优劣直接影响级联式抗干扰方法性能的好坏。本章的研究重点即为混合干扰环境下基于波形信息稀疏分解的抗干扰方法，以有效地抑制能量相对较小的已知波形样式的干扰, 实现节省天线阵空域自由度的目的; 然后, 采用空域 (或空时) 滤波器对前级输出的各通道信号进行处理以消除剩余干扰。考虑到现实中阵列天线的各通道信号均为实数, 一般将中频信号通过正交下变频得到的 I、Q 两路正交信号分别作为阵列信号处理所需复数信号的实部和虚部。不论中频信号还是基带信号, 其信号波形信息都是相似的, 因此在中频和基带进行抗干扰都是可行的。然而, 在中频仅需要对一路中频信号进行干扰检测与抑制, 而在基带进行干扰检测与抑制处理则需要对 I、Q 两路信号进行处理, 后者运算量较大。所以将第一级干扰处理放在正交变换前。

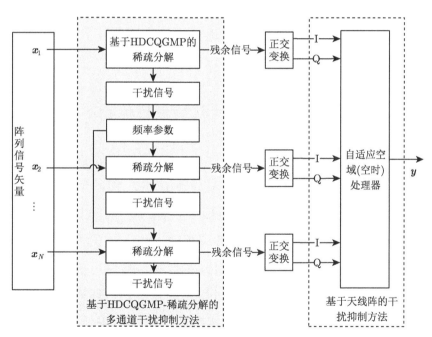

图 3.1.1 基于干扰信号稀疏表示与空域滤波器的级联抗干扰结构框图

一般地, 某些类型干扰信号的部分波形信息是已知的或可以通过其他电子侦察手段获得, 并且这些干扰信号的波形具有较准确的解析表达式, 例如单频干扰信号的波形为单一频率的余弦连续波, 线性调频干扰信号的波形为频率随时间变化的调频连续波, 本章将这种干扰信号称为已知波形样式干扰。据此, 本章利用已知波形样式干扰信号的先验信息组成一种稀疏表示空间, 并在分析已知波形样式干扰信号在混合干扰环境下可检测性基础上, 将稀疏表示思想引入卫星导航接收机抗干扰处理中。在众多稀疏分解求解算法中, 匹配追踪 (MP)[136] 算法具有相对高效的处理速度和准确的重构精度 [134], 因此得到了广泛应用。然而传统的基于 MP 的稀疏分解算法的搜索空间是离散的, 如果真实信号不在原子所表示的离散点上, 必将引起稀疏分解性能下降。为了提高干扰信号稀疏分解精度并降低算法计算量, 将具有连续优化空间的双链量子遗传算法 (DCQGMA)[135] 进行改进并引入到 MP 算法中, 进而提出一种基于 HDCQGMP-稀疏分解的多通道干扰信号波形检测方法。

3.2　基于波形信息的多通道干扰信号稀疏表示与抑制方法

随着稀疏表示理论和压缩感知理论 [128] 的日益完善, 稀疏表示思想引起了各领域学者的广泛关注, 并逐渐被引入到多个领域的信号处理中, 例如 DOA 估计 [129]、微弱信号检测 [130,131] 以及雷达干扰抑制 [132,133] 等。在实际应用中, 信号的稀疏表示可以被认为是寻找一种稀疏表示空间, 并通过稀疏分解方法得到对目标信号尽可能简洁表示的过程, 且该表示中包含非目标信号成分尽可能得少。当环境中存在已知波形类型的干扰信号时, 可以通过干扰参数检测获取干扰信号波形信息、完成干扰波形重构, 进而从接收信号中减去重构的干扰信号完成该类型干扰的抑制 [97]。相对于时、频域消隐技术、滤波技术, 该类方法利用的干扰信号信息较多, 可以缓解常规方法频谱泄漏, 滤波器非理想截断的影响, 对期望信号损伤较小。然而, 若接收环境中存在多个干扰、甚至时频阻塞干扰时, 如带限高斯噪声干扰, 由于各干扰信号相互影响, 传统信号检测、抗干扰方法无法有效提取出已知波形类型干扰信号的相关参数。

3.2.1 基于 MP 算法的信号稀疏表示原理

稀疏表示理论的定义为对于 K_1 维信号 $\boldsymbol{x} \in \mathbb{R}^{K_1}$ 或 $\mathbb{C}^{K_1}$，向量 $\boldsymbol{\psi}_k$, $k = 1, 2, \cdots, K$ 为 $\mathbb{R}^{K_1}$ 或 $\mathbb{C}^{K_1}$ 上的基向量或原子，令 $\boldsymbol{\psi} = [\boldsymbol{\psi}_1, \boldsymbol{\psi}_2, \cdots, \boldsymbol{\psi}_{K_1}]$ 并将其称为基或字典，信号 $\boldsymbol{x}$ 可表示为

$$\boldsymbol{x} = \boldsymbol{\psi}\boldsymbol{\gamma} \tag{3-1}$$

式中，$\boldsymbol{\gamma}$ 为 $K_1 \times 1$ 维系数矢量，若 $\boldsymbol{\gamma}$ 中的非零 (或者接近 0) 元素个数 K_L 满足 $K_L \gg K_1$，则称信号在字典 (或基)$\{\psi_k\}_{k=1}^{K_1}$ 上稀疏，K_L 为信号 $\boldsymbol{x}$ 的稀疏度。

对于线性观测系统，$K_2 \times 1$ 维观测信号矢量 $\boldsymbol{y}$ 与输入信号矢量 $\boldsymbol{x}$ 的关系可以表示为

$$\boldsymbol{y} = \boldsymbol{\Theta}\boldsymbol{x} + \boldsymbol{n} = \boldsymbol{\Theta}\boldsymbol{\psi}\boldsymbol{\gamma} + \boldsymbol{n} = \boldsymbol{\Phi}\boldsymbol{\gamma} + \boldsymbol{n} \tag{3-2}$$

其中，$\boldsymbol{\Theta}$ 表示 $K_2 \times K_1$ 维观测矩阵，$\boldsymbol{\Phi} = \boldsymbol{\theta}\boldsymbol{\psi}$，$\boldsymbol{n}$ 代表噪声矢量。在实际应用中一般是已知观测信号 $\boldsymbol{y}$，求解其对应的输入信号的系数矢量 $\boldsymbol{\gamma}$。数学模型可以表述为

$$\min_{\gamma} \|\boldsymbol{\gamma}\|_0 \quad \text{s.t.} \quad \|\boldsymbol{y} - \boldsymbol{\Phi}\boldsymbol{\gamma}\|_2 \leqslant \epsilon \tag{3-3}$$

其中，$\|\cdot\|_0$ 表示 L_0 范数；参数 $\epsilon \geqslant 0$，该参数与观测噪声水平相关。公式 (3-3) 可以转化为无限制条件的最优化问题：

$$\min_{\gamma} \frac{1}{2}\|\boldsymbol{y} - \boldsymbol{\Phi}\boldsymbol{\gamma}\|_2 + \kappa\|\boldsymbol{\gamma}\|_0 \tag{3-4}$$

其中，κ 为平衡稀疏度和测量误差的参数。

公式 (3-4) 为 L_0 范数的最优化问题, 该类问题的求解是一个 NP-hard(Non-deterministic Polynomial-time hard) 问题。常用的稀疏分解算法可以分为基追踪 (Basis Pursuit, BP) 算法和贪婪算法。BP 算法的核心思想是将式 (3-4) 等效为凸优化问题进行求解, 例如, 在特定条件下 L_0 范数可以转化为 L_1 范数问题 [137], 但该类方法计算量较大。虽然一系列的改进算法 [139,140] 相继被提出, 在保证稀疏分解精度的同时降低了 BP 算法的计算复杂度, 但其计算效率仍远低于贪婪算法, 而且对于某些情况, 贪婪算法的求解精度与 BP 算法相当 [140], 所以本章采用贪婪算法研究已知波形样式干扰信号的稀疏表示与抑制问题。

MP 算法于 1993 年, 由 Mallet 和 Zhang 提出, 是一种能够有效处理信号稀疏分解的贪婪算法 [136], 与其他稀疏分解算法相比有着相对高效的处理速度。该算法的核心思想为, 基于某种贪婪原则迭代着从过完备原子库中选出与信号或剩余信号的匹配度最高的原子, 然后利用所选取最优原子的线性组合逼近原始信号。

假设待分解信号为 $\boldsymbol{x} \in \mathbb{H}, \mathbb{H}$ 表示有限维度希尔伯特空间, 定义 $\boldsymbol{D} = \{\boldsymbol{g}_{r_i}\}_{r_i \in \Gamma}$ 为过完备字典, 其中 $\|\boldsymbol{g}_{r_i}\| = 1$ 为字典中第 i 个原子, Γ 为原子参数集。定义 $Z(\boldsymbol{x}, \boldsymbol{g}_r) = \langle \boldsymbol{x}, \boldsymbol{g}_r \rangle$ 为匹配度测量函数。通过 L 次迭代, 我们可以得到稀疏系数集 $C = \{C_l \mid C_l = (z_l, \boldsymbol{g}_{r_i}), z_l = Z(\boldsymbol{x}_l, \boldsymbol{g}_l), l = 1, 2, \cdots, L\}$。算法迭代的主要流程为:

(1) 初始化: $l = 0, \boldsymbol{x}_l = \boldsymbol{x}, C = \varnothing$;

(2) 计算得待分解信号和所有原子的内积, 获得原子与待分解信号的相似度函数 $Z(\boldsymbol{x}_l, \boldsymbol{g}_r)$;

(3) 选取使得函数 Z 取最大值的原子为第 l 个最优原子 $\boldsymbol{g}_l$, 更新码本 $C = C \cup C_l$, 其中 $C_l = (z_l, \boldsymbol{g}_{r_i})$; 计算剩余信号 $\boldsymbol{x}_{l+1} = \boldsymbol{x}_l - Z(\boldsymbol{x}_l, \boldsymbol{g}_l) \boldsymbol{g}_l$。如果到达终止条件, 停止迭代; 否则, 令 $l = l+1$, 返回步骤 (2)。

由于 $\boldsymbol{x}_l = \boldsymbol{x}_{l+1} + Z(\boldsymbol{x}_l, \boldsymbol{g}_l) \boldsymbol{g}_l, \boldsymbol{g}_l$ 和 $\boldsymbol{x}_{l+1}$ 正交, 则 $\|\boldsymbol{x}_l\|^2 = \|\boldsymbol{x}_{l+1}\|^2 +$

$\left|Z\left(\boldsymbol{x}_l, \boldsymbol{g}_l\right)\right|^2$，即每一个剩余信号能量均比上一次迭代的小，故 MP 算法是收敛的。

3.2.2 干扰信号检测模型

干扰信号可以根据干扰源的特性分为不同的种类，本章根据干扰信号的波形类型是否已知且可解析表示，将干扰信号分为已知波形样式的干扰信号和未知波形样式的干扰信号。一般地，音频干扰、调频连续波干扰可以归为前者，带限高斯干扰属于后者。本节以应用较为普遍的调频连续波干扰和宽带高斯干扰为例进行分析，不考虑阵列流行矢量的影响，则第 n 通道数字化处理后的接收信号矢量为 $\boldsymbol{x}_n =$ $\begin{bmatrix} x_n(0) & x_n(1) & \cdots & x_n(M-1) \end{bmatrix}^{\mathrm{T}}$，其中 $x_n(m)$ 为

$$x_n(m) = \sum_{k_{\mathrm{cw}}=1}^{K_{\mathrm{cw}}} j_{\mathrm{cw}_{k_{\mathrm{cw}}}}(m) + \sum_{k_G=1}^{K_G} j_{G_{k_G}}(m) + \eta(m) \tag{3-5}$$

其中，m 为采样时刻，$j_{G_{k_G}}$ 为第 k_G 个宽带高斯干扰，即均值为 0 方差为 σ_{k_G} 的带限高斯白噪声。一般情况下，为了使干扰信号有较高的效能，调频连续波干扰信号的幅度是恒定的 [57]，其中以锯齿波调频信号和音频 (调频率为 0) 最为常见，它们的数学模型可以统一表示为

$$j_{\mathrm{cw}}(t) = A_{\mathrm{cw}} \mathrm{e}^{-\mathrm{j}2\pi\left[\frac{B}{T_{\mathrm{LF}}}\left(t - \frac{t-t_0}{T_{\mathrm{LF}}}T_{\mathrm{LF}} + t_0\right)^2 + f_0 t\right] + \varphi} \tag{3-6}$$

式中，B、T_{LF} 分别为线性调频干扰信号带宽和调频周期，t_0 为时间偏置，A_{cw} 为信号幅度。

3.2.3 典型过完备原子库构建策略以及干扰信号可检测性分析

1. 典型过完备原子库构建方法

根据稀疏表示的概念，选定过完备原子字典后，接收信号可以分为能够在该字典上稀疏表示的干扰信号和不能稀疏表示的干扰信号。为了

便于分析，假设环境中的干扰信号由 1 个单频干扰或者锯齿波线性调频干扰信号及 K_G(K_G 为正整数) 个宽带高斯白噪声干扰组成，公式 (3-5) 可以改写为

$$x_n(m) = j_{\mathrm{cw}}(m) + N_G(m) \tag{3-7}$$

令 $\boldsymbol{j}_{\mathrm{cw}} = \begin{bmatrix} j_{\mathrm{cw}}(0) & j_{\mathrm{cw}}(1) & \cdots & j_{\mathrm{cw}}(M-1) \end{bmatrix}^{\mathrm{T}}$，$\boldsymbol{N}_G = [N_G(0)$ $N_G(1) \quad \cdots \quad N_G(M-1)]^{\mathrm{T}}$，则 $\boldsymbol{x}_n = \boldsymbol{j}_{\mathrm{cw}} + \boldsymbol{N}_G$。现实信号处理中只存在实信号，令 P 代表可稀疏表示的干扰信号功率，则

$$
\begin{aligned}
j_{\mathrm{cw}}(m) &= \sqrt{P}\cos\left(\mathrm{fre}(m) + \varphi\right) \\
&= \sqrt{P}\cos\left(2\pi\left[\frac{B}{T_{\mathrm{LF}}}\left(mT_s - \left\lfloor\frac{mT_s - t_0}{T_{\mathrm{LF}}}\right\rfloor T_{\mathrm{LF}} + t_0\right)^2 + f_0 mT_s\right] + \varphi\right)
\end{aligned}
$$
$$\tag{3-8}$$

$$N_G(m) = \sum_{k_G=1}^{K_G} j_{G_{k_G}}(mT_s) + \eta(mT_s) \tag{3-9}$$

其中，m 和 T_s 分别为采样时刻和采样周期，f_0 为载波频率，$j_{G_{k_G}}$ 为均值为 0、方差为 σ_{k_G} 的高斯干扰信号，η 为近似服从高斯分布的接收机热噪声，所以 N_G 是均值为 0、方差为 $\sigma = \sum_{k_G=1}^{K_G} \sigma_{k_G} + \sigma_\eta$ 的高斯白噪声。

利用稀疏分解思想进行干扰检测与抑制，实质上是利用接收信号中各种类型信号与过完备原子字典中原子匹配特性的差异，完成相关干扰信号提取与消除的过程。因此，干扰信号与原子的匹配特性，即干扰信号可探测性，是影响算法性能的关键；其主要由过完备原子字典原子参数集及干扰信号能量决定。

过完备原子字典的参数集应包含干扰信号的波形样式信息，这些信息可以通过经验或者其他协同电子侦察手段获得 [141]。由式 (3-8) 可知，干扰信号模型包含载波频率、调频周期、带宽、相位等参数 (当调频带宽为 0 时，为单音干扰信号)，则过完备原子库中的原子也应

该具有相对应的参数空间，即可以最直接地将原子模型设定为 $\boldsymbol{g}_{r_i} = \left[\begin{array}{cccc} g_{r_i}(0) & g_{r_i}(1) & \cdots & g_{r_i}(M) \end{array}\right]^{\mathrm{T}}$，其中 $g_{r_i}(m)$ 为

$$
\begin{aligned}
g_{r_i}(m) &= c_i \cos\left(\mathrm{fre}\left(m\right) + \varphi_i\right) \\
&= c_i \cos\left(2\pi\left[\frac{B_i}{T_i}\left(mT_s - \left\lfloor\frac{mT_s - t_0}{T_i}\right\rfloor T_i + t_i\right)^2 + f_i mT_s\right] + \varphi_i\right)
\end{aligned}
\tag{3-10}
$$

式中，c_i 为第 i 个原子的归一化系数，$\mathrm{fre} \in [f_0 - B_s/2, f_0 + B_s/2]$，其中 B_s 和 f_0 分别为干扰信号搜索带宽和中心频率；T_i、B_i、t_0、f_i 和 φ_i 分别为原子的调制周期、调制带宽、调制偏移量、载频和相位。依照传统的过完备原子字典构建策略，它们在搜索范围内均匀取值，这些离散参数构成了过完备原子库的参数集，原子则原子个数越多，搜索精度越高 [136,139]。

2. 单干扰可检测性分析

根据 MP 算法原理，每一次迭代选取使得测量函数 Z 的原子为最优原子

$$
\boldsymbol{g}_{\mathrm{best}} = \arg\max_{\boldsymbol{g}_r} Z\left(\boldsymbol{x}_n, \boldsymbol{g}_r\right)
\tag{3-11}
$$

$$
Z\left(\boldsymbol{x}_n, \boldsymbol{g}_r\right) = \langle\boldsymbol{x}_n, \boldsymbol{g}_r\rangle = \langle\boldsymbol{j}_{\mathrm{cw}}, \boldsymbol{g}_r\rangle + \langle\boldsymbol{N}_G, \boldsymbol{g}_r\rangle = R_j + R_N
\tag{3-12}
$$

首先，假设最优原子 $g_{\mathrm{best}}(m) = c\cos\left(\mathrm{fre}\left(m\right) + \varphi\right)$ 已知且存在于过完备原子字典中，令原子库中各原子的频率参数间隔为 $\Delta\mathrm{fre}(m)$，相位间隔为 $\Delta\varphi$，则 R_j 可以改写为

$$
\begin{aligned}
&R_j\left(\Delta\mathrm{fre}, \Delta\varphi\right) \\
&= \sum_{m=0}^{M-1} \sqrt{P}\cos\left(\mathrm{fre}\left(m\right) + \varphi\right) c_i \cos\left(\mathrm{fre}\left(m\right) + \Delta\mathrm{fre}\left(m\right) + \varphi + \Delta\varphi\right)
\end{aligned}
$$

$$= \frac{1}{2}c_i\sqrt{P}\left[\sum_{m=0}^{M-1}\cos\left(\Delta\mathrm{fre}\left(m\right)+\Delta\varphi\right)\right.$$

$$\left.+\sum_{m=0}^{M-1}\cos\left(2\mathrm{fre}\left(m\right)+\Delta\mathrm{fre}\left(m\right)+2\varphi+\Delta\varphi\right)\right] \tag{3-13}$$

一般来讲，若 M 取值足够大，则各原子的归一化系数相差极小，可以近似地认为各原子的归一化系数相等，记为 c。公式 (3-13) 中括号中第一项为频率较小的信号分量采样数据累加，第二项为频率较大的信号分量采样数据累加，对余弦形式信号的采样数据序列累加求和相当于对数据做低通滤波处理[165]。另外在数字化处理过程中，T_s 满足奈奎斯特采样定律或者带通采样定理，则在所搜索的区间内，R_j 不具有由频谱混跌引起的周期性，每个可稀疏表示的干扰信号，在过完备原子库中存在且只存在一个最优原子，且在 M 足够大时，公式 (3-13) 中括号中第二项远小于第一项，则

$$R_j\left(\Delta\mathrm{fre},\Delta\varphi\right)\approx\frac{1}{2}c\sqrt{P}\sum_{m=0}^{M-1}\cos\left(\Delta\mathrm{fre}\left(m\right)+\Delta\varphi\right) \tag{3-14}$$

当 $\Delta\mathrm{fre}=\Delta\varphi=0$，即选取最优原子时，$R_j$ 取得最大值

$$R_{j\,\mathrm{max}}=\frac{M}{2}c\sqrt{P} \tag{3-15}$$

另外，

$$R_N\left(\Delta\mathrm{fre},\Delta\varphi\right)=c\sqrt{P}\sum_{m=0}^{M-1}\cos\left(\mathrm{fre}\left(m\right)+\Delta\mathrm{fre}\left(m\right)+\varphi+\Delta\varphi\right)N_G\left(m\right) \tag{3-16}$$

因为 N_G 是均值为 0、方差为 σ 的高斯分布，则 R_N 服从均值为 0、方差为 $Mc^2\sigma$ 的正态分布。对比公式 (3-15) 和 (3-16)，可知采样数据点越多，R_j 的峰值越明显。由正态分布特性可知，99.993666% 的数值在平

均值 $4c\sqrt{M}\sigma$ 范围内。因此，为了以较高概率检测到可稀疏表示的干扰信号，采样长度 M 应该满足

$$R_{j\max} > 4c\sqrt{M}\sigma \qquad (3\text{-}17)$$

即

$$M > 64\frac{\sigma}{P} \qquad (3\text{-}18)$$

3. 多干扰间的相互影响分析

3.2.2 节 2. 小节分析了只存在单个可稀疏表示的干扰时，干扰信号的可检测性以及所需条件。接下来将以存在两个干扰信号的场景为例，分析当接收信号中包含多个可稀疏表示的干扰信号时，各干扰间的相互影响。假设两个干扰信号分别为

$$j_{cw_1}(m) = \sqrt{p_1}\cos\left(\mathrm{fre}_1(m) + \varphi_1\right) \qquad (3\text{-}19)$$

$$j_{cw_2}(m) = \sqrt{p_2}\cos\left(\mathrm{fre}_2(m) + \varphi_2\right) \qquad (3\text{-}20)$$

式中，p_1 和 p_2 分别为干扰 1 和干扰 2 的功率；$\mathrm{fre}_1(\cdot)$ 和 $\mathrm{fre}_2(\cdot)$ 分别代表两个干扰信号频率函数。根据 $\mathrm{fre}_1(\cdot)$ 和 $\mathrm{fre}_2(\cdot)$ 的特性，分两种情况分析两个干扰共存时，采用基于稀疏分解思想进行抗干扰时，干扰间的相互影响。

(1) 当 $\mathrm{fre}_1(m) = \mathrm{fre}_2(m)$ 时，有

$$\begin{aligned}
&j_{cw_1}(m) + j_{cw_2}(m) \\
&= \sqrt{p_1}\cos\left(\mathrm{fre}_1(m) + \varphi_1\right) + \sqrt{p_2}\cos\left(\mathrm{fre}_2(m) + \varphi_2\right) \\
&= \sqrt{p_1 + p_2 - 2\sqrt{p_1 p_2}\cos(\varphi_1 + \varphi_2)}\cos\left(\mathrm{fre}_1(m) + \varphi_t\right)
\end{aligned} \qquad (3\text{-}21)$$

式中，$\varphi_t = \mathrm{arctg}[[\sqrt{p_1}\cos(\varphi_1) + \sqrt{p_2}\cos(\varphi_2)]/[\sqrt{p_1}\sin(\varphi_1) + \sqrt{p_2}\sin(\varphi_2)]]$，其中 $\mathrm{arctg}(\cdot)$ 代表反正切函数。此时，两个干扰信号可以被当做一个干扰进行处理。

(2) 当 $\mathrm{fre}_1(m) \neq \mathrm{fre}_2(m)$ 时, 干扰 1 对应的最优原子应该为 $g_1(m) = c\cos(\mathrm{fre}_1(m) + \varphi_1)$, 则根据稀疏分解的准则, 干扰 2 对干扰 1 的影响可以表示为

$$
\begin{aligned}
\kappa &= \langle \boldsymbol{g}_1, \boldsymbol{j}_{\mathrm{cw2}} \rangle \\
&= \sum_{m=0}^{M-1} c\sqrt{p_2} \cos(\mathrm{fre}_1(mT_s) + \varphi_1)\cos(\mathrm{fre}_2(mT_s) + \varphi_2) \\
&= \frac{1}{2}c\sqrt{p_2} \sum_{m=0}^{M-1} \cos(\mathrm{fre}_1(mT_s) + \mathrm{fre}_2(mT_s) + \varphi_1 + \varphi_2) \qquad (3\text{-}22) \\
&\quad + \frac{1}{2}c\sqrt{p_2} \sum_{m=0}^{M-1} \cos(\mathrm{fre}_1(mT_s) - \mathrm{fre}_2(mT_s) + \varphi_1 - \varphi_2) \\
&= \frac{1}{2}c\sqrt{p_2}(\kappa_1 + \kappa_2)
\end{aligned}
$$

根据干扰信号类型的不同, $\mathrm{fre}_1(m) + \mathrm{fre}_2(m)$ 和 $\mathrm{fre}_1(m) - \mathrm{fre}_2(m)$ 可能为采样时刻 m 的一次或者二次函数。

(i) 当 $\mathrm{fre}_1(m) + \mathrm{fre}_2(m)$ 和 $\mathrm{fre}_1(m) - \mathrm{fre}_2(m)$ 为 m 的二次函数时, 令 $\mathrm{fre}_1(m) + \mathrm{fre}_2(m) = \alpha_1 m^2 + \beta_1 m$, $\mathrm{fre}_1(m) - \mathrm{fre}_2(m) = \alpha_2 m^2 + \beta_2 m$, 其中 $|\alpha_1| > |\alpha_2|$, 则

$$
\begin{aligned}
\kappa_1 &= \sum_{m=0}^{M-1} \cos(\alpha_1 m^2 + \beta_1 m + \varphi_1') \\
&= \sum_{m=0}^{M-1} \cos\left(\alpha_1\left(m + \frac{\beta_1}{2\alpha_1}\right)^2 - \frac{\beta_1^2}{4\alpha_1} + \varphi_1'\right) \\
&= \cos\left(\varphi_1' - \frac{\beta_1^2}{4\alpha_1}\right) \sum_{m=0}^{M-1} \cos\left(\alpha_1\left(m + \frac{\beta_1}{2\alpha_1}\right)^2\right) \qquad (3\text{-}23) \\
&\quad - \sin\left(\varphi_1' - \frac{\beta_1^2}{4\alpha_1}\right) \sum_{m=0}^{M-1} \sin\left(\alpha_1\left(m + \frac{\beta_1}{2\alpha_1}\right)^2\right)
\end{aligned}
$$

同理

$$
\begin{aligned}
\kappa_2 = {} & \cos\left(\varphi_2' - \frac{\beta_2^2}{4\alpha_2}\right) \sum_{m=0}^{M-1} \cos\left(\alpha_2\left(m - \frac{\beta_2}{2\alpha_2}\right)^2\right) \\
& - \sin\left(\varphi_2' - \frac{\beta_2^2}{4\alpha_2}\right) \sum_{m=0}^{M-1} \sin\left(\alpha_2\left(m - \frac{\beta_2}{2\alpha_2}\right)^2\right)
\end{aligned}
\tag{3-24}
$$

(ii) 当 $\mathrm{fre}_1(m) + \mathrm{fre}_2(m)$ 和 $\mathrm{fre}_1(m) - \mathrm{fre}_2(m)$ 为 m 的线性函数时，令 $\mathrm{fre}_1(m) + \mathrm{fre}_2(m) = \beta_3 m$；$\mathrm{fre}_1(m) - \mathrm{fre}_2(m) = \beta_4 m$，其中 $|\beta_3| > |\beta_4|$，则

$$
\begin{aligned}
\kappa_1 = {} & \sum_{m=0}^{M-1} \cos\left(\beta_3 m + \varphi_3'\right) \\
= {} & \cos\left(\varphi_3'\right) \sum_{m=0}^{M-1} \cos\left(\beta_3 m\right) - \sin\left(\varphi_3'\right) \sum_{m=0}^{M-1} \sin\left(\beta_3 m\right) \\
= {} & \cos\left(\varphi_3'\right) \frac{\sin\left(\left(M + \frac{1}{2}\right)\beta_3\right) - \sin\left(\frac{\beta_3}{2}\right)}{2\sin\left(\frac{\beta_3}{2}\right)} \\
& - \sin\left(\varphi_3'\right) \frac{\cos\left(\frac{\beta_3}{2}\right) - \cos\left(\left(M + \frac{1}{2}\right)\beta_3\right)}{2\sin\left(\frac{\beta_3}{2}\right)}
\end{aligned}
\tag{3-25}
$$

同理

$$
\begin{aligned}
\kappa_2 = {} & \cos\left(\varphi_4'\right) \frac{\sin\left(\left(M + \frac{1}{2}\right)\beta_4\right) - \sin\left(\frac{\beta_4}{2}\right)}{2\sin\left(\frac{\beta_4}{2}\right)} \\
& - \sin\left(\varphi_4'\right) \frac{\cos\left(\frac{\beta_4}{2}\right) - \cos\left(\left(M + \frac{1}{2}\right)\beta_4\right)}{2\sin\left(\frac{\beta_4}{2}\right)}
\end{aligned}
\tag{3-26}
$$

为了简明地展示 κ_1 和 κ_2 的特性, 分析组成它们的主要成分, 令 $\gamma_1 = \sum_{m=0}^{M-1} \cos\left(\alpha m^2\right)$, $\gamma_2 = \sum_{m=0}^{M-1} \sin\left(\alpha m^2\right)$, $\gamma_3 = [\sin((M + 1/2)\beta) - \sin(\beta/2)]/[2\sin(\beta/2)]$ 和 $\gamma_4 = [\cos(\beta/2) - \cos((M + 1/2)\beta)]/[2\sin(\beta/2)]$; 它们的特征如图 3.2.1 和图 3.2.2 所示。根据干扰信号特征以及数字信号采样定理的限制, 可知 $|\alpha_1|$、$|\beta_1|$ 和 $|\beta_3|$ 满足使 $\kappa_1 \ll M$ 成立的条件; 然而, $|\alpha_2|$、$|\beta_2|$ 和 $|\beta_4|$ 可能使得 κ_2 与 M 的值近似。

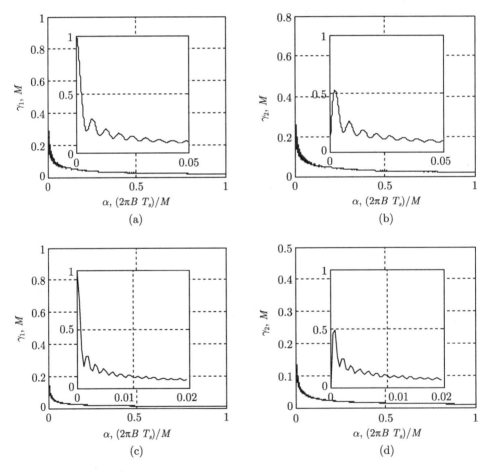

图 3.2.1 γ_1 和 γ_2 特征: (a) $M = 1024$; (b) $M = 1024$; (c) $M = 4096$; (d) $M = 4096$

所以, 干扰 2 对干扰 1 的影响主要由干扰 2 的能量和二者频率函数的差异决定，干扰能量越大，干扰间的影响越显著；干扰间频率函数差异越小，干扰 2 对干扰 1 的影响越明显，反之亦然。另外，根据公式 (3-23)、(3-25) 和 (3-26)，可以通过增加采样点数以减小干扰间的相互影响。多干扰场景下，可得到相同的结论。

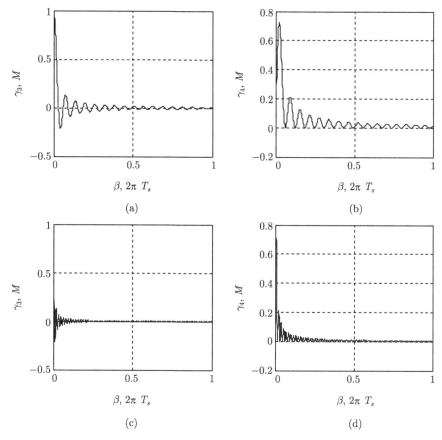

图 3.2.2 γ_3 和 γ_4 特征：(a) $M = 1024$；(b) $M = 1024$；(c) $M = 4096$；(d) $M = 4096$

3.2.4 基于 HDCQGMP-稀疏分解的多通道干扰信号波形检测与抑制方法

由 3.2.3 节分析可知，采用已知波形样式干扰信号的先验信息构建过完备原子字典，已知波形样式干扰信号在该字典所表示空间中可以被稀疏表示，即可以通过稀疏分解方法重构出该类型干扰信号的波形。然后，将重构的干扰信号波形从接收信号中消除以实现抑制可稀疏表示的干扰信号的目的。

1. 改进的完备字典设计方法及 MP 算法

MP 类算法的计算复杂度主要由信号与各原子做内积，寻找最优原子的过程。也就是说，其运算量随着原子个数增加而增大，而在保证分解精度的前提下，原子个数随着参数集中维数的增多而呈几何级数增长。所以，为了降低 MP 类算法的运算量，应该使需要匹配搜索的参数，即过完备原子字典的参数集中包含的参数越少越好。观察公式 (3-14)，可得当频率参数固定时，R_j 为相位参数 φ 的余弦函数。提出先通过匹配追踪求解频率参数，再采用解析法求解相位参数的方法，以减少过完备原子字典中原子的个数，并提高相位参数的求解精度。

根据频率参数产生一组原子

$$
\begin{cases}
\boldsymbol{g}_{r_i-1} = c\cos\left(\mathbf{fre}_{r_i}\right) \\[2mm]
\boldsymbol{g}_{r_i-2} = c\cos\left(\mathbf{fre}_{r_i} + \dfrac{\pi}{2}\right) \\[2mm]
\boldsymbol{g}_{r_i-3} = c\cos\left(\mathbf{fre}_{r_i} + \dfrac{\pi}{4}\right) \\[2mm]
\boldsymbol{g}_{r_i-4} = c\cos\left(\mathbf{fre}_{r_i} + \dfrac{3\pi}{4}\right)
\end{cases}
\tag{3-27}
$$

其中，$\mathbf{fre}_{r_i}$ 为第 i 原子频率参数矢量，其对应最优相位参数求解步骤如下。令

$$
\Delta\varphi = \cos\left(\frac{\dfrac{(|\boldsymbol{x}_n, \boldsymbol{g}_{r_i-1}| + |\boldsymbol{x}_n, \boldsymbol{g}_{r_i-2}|)}{(|\boldsymbol{x}_n, \boldsymbol{g}_{r_i-3}| + |\boldsymbol{x}_n, \boldsymbol{g}_{r_i-4}|)} - \dfrac{\sqrt{2}}{2}}{\dfrac{\sqrt{2}}{2}}\right)
\tag{3-28}
$$

其中，$\Delta\varphi$ 是以 π 为周期的函数，即所求得的相位是存在模糊的，因此，

令

$$\varphi_l \in \left\{ \begin{array}{cccccc} \Delta\varphi & \Delta\varphi + \dfrac{\pi}{2} & \Delta\varphi + \pi & \Delta\varphi + \dfrac{3\pi}{2} & \dfrac{\pi}{2} - \Delta\varphi & \pi - \Delta\varphi \end{array} \right.$$
$$\left. \begin{array}{cc} \dfrac{3\pi}{2} - \Delta\varphi & 2\pi - \Delta\varphi \end{array} \right\} \tag{3-29}$$

则与 $\mathbf{fre}_{r_i}$ 对应的最优相位为

$$\varphi_i = \arg \max_{\varphi_l} \langle \boldsymbol{x}_n, \cos(\mathbf{fre}_{r_i} + \varphi_l) \rangle \tag{3-30}$$

第 i 原子与待分解信号的内积为

$$Z(\boldsymbol{x}_n, \boldsymbol{g}_{r_i}) = \langle \boldsymbol{x}_n, \cos(\mathbf{fre}_{r_i} + \varphi_i) \rangle \tag{3-31}$$

使得 $Z(\boldsymbol{x}_n, \boldsymbol{g}_{r_i})$ 取得最大值的 φ_i 和 $\mathbf{fre}_{r_i}$ 即为最优原子的参数, 进而可以得到最优原子.

2. 改进的稀疏分解终止条件及收敛性分析

传统 MP 算法的终止条件为判断残余信号能量值或者迭代次数是否满足预设要求. 复杂电磁环境中, 可稀疏表示的信号个数是未知的, 无法预设迭代次数; 而且, 当可稀疏表示的信号能量小于不可稀疏表示的宽带干扰时, 残余信号能量可能与原信号能量相差不大, 则现有准则都不能保证算法的有效性. 本节提出残余能量比值准则, 即选择第 l 次迭代所得最优原子和信号的内积与残余信号的标准差的比值作为门限值. 其数学表达式为

$$\frac{Z(\boldsymbol{x}_n, \boldsymbol{g}_l)}{c\sqrt{M}\text{std}(\boldsymbol{x}_{l+1})} = \rho \tag{3-32}$$

其中, $\text{std}(\cdot)$ 表示求一列数标准差的函数.

由 3.2.3 节 2. 小节分析可知, 当接收信号中不含可稀疏表示的干扰信号或者采样数据无法满足公式 (3-17) 时, $Z(\boldsymbol{x}_l, \boldsymbol{g}_l)$ 为公式 (3-16)

所表示分布中某一个值，服从该分部的统计规律，以高斯分布为例，有 $\rho < 4$ 的概率大于 99.99%。反之，当剩余信号中含有在过完备原子字典上可稀疏表示的干扰成分时，ρ 将大于门限值。所以采用公式 (3-32) 所表示的门限，能够使稀疏分解算法在不存在可稀疏表示干扰时终止，即算法是收敛的。实际应用中的统计参数必然存在误差，可以取较大 ρ 值以保证稀疏分解算法收敛。

3. 高密度编码双链量子遗传算法

传统的匹配追踪算法中过完备原子字典的各参数为经过离散化的固定间隔的数值，当实际参数与这些离散的数值不一致时，将不可避免地产生误差。为了消除离散间隔带来的误差并减小匹配追踪过程中的运算量，将具有连续寻优能力的双链量子遗传算法 (DCQGA) 进行改进，并将其融入 MP 算法中。

双链量子遗传算法是由量子计算与遗传算法相结合而得到的一种具有连续编码空间的全局概率搜索算法，具有种群规模小、收敛速度快、全局搜索性能强的优点，适用于复杂数值优化问题求解 [142-144]，已被广泛应用于解决背包问题、滤波器设计问题等 [145]。本章选用双链量子遗传算法加速求解 MP 问题的原因如下。

(1) 连续空间寻优特性。最优原子参数求解属于连续数值优化问题，双链量子遗传算法直接用量子位编码构成染色体；用量子位的概率幅描述可行解；无须对寻优变量进行离散网格化处理，提高了求解精度；避免了传统量子遗传算法频繁地编码、解码操作，精简了计算量。

(2) 实用性和发展潜力。双链量子遗传算法是由最经典的进化类算法与最具潜力的量子计算理论相结合而发展出的高效概率寻优算法，可以利用生物界的智慧和自然界的规律实现智能计算。量子计算的潜力、量子计算的并行性、指数级存储容量和对经典算法的加速作用预示了其宽广的应用前景。

(3) 鲁棒性。双链量子遗传算法通过评估种群中每一代个体的适应度，保留优秀的个体基因并进行进化更新，使得优秀基因代代相传；并通过变异操作增加个体种类的多样性，多次独立重复实验对算法收敛结果影响并不大，因此具有较强的鲁棒性。

双链量子遗传算法继承了遗传算法"适者生存、优胜劣汰"进化思想，兼具量子的并行计算、存储量大的优势。图 3.2.3 为典型双链量子遗传算法流程图，其终止条件可以是规定的进化次数或者其他合适条件。典型双链量子遗传算法主要包含量子比特编码、观测与选择过程、量子染色体更新以及量子染色体变异四种基本操作，具体内容如下。

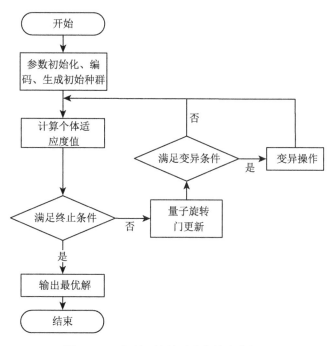

图 3.2.3　典型双链量子遗传算法流程图

(1) 双链量子比特编码：将待优化量转变为寻优算法可操作的执行单元。为了充分利用每个基因位进行变量寻优,直接采用以 $[\cos(d)\ \sin(d)]^{\mathrm{T}}$ 表示的量子位概率幅进行编码 [3]，该编码方式将每个量子位的概率幅视为两个并列的基因位, 所以每条染色体包含两条并列的基因链, 即两个优化解。染色体初始化可以采用随机生成的方式, 也可以利用某些已知的待优化变量的某些先验信息对初始化染色体进行约束。

(2) 观测与选择过程: 主要根据 "优胜劣汰" 准则保留当前进化代中适应能力强的优秀个体并淘汰适应能力差的个体。个体适应能力的强弱由适应度函数进行评估。

(3) 量子染色体更新: 用于产生新的个体、增加种群多样性, 促使种群进化。在量子染色体中基因位处于量子叠加态, 且量子计算具有并行性, 它对解空间的操作是并行执行的, 为了获得新的基因以及染色体, 可以通过量子旋转门对染色体进行操作, 完成基因状态的转换。量子旋转门转角的大小和方向直接影响了算法的收敛速度和精度。

(4) 量子染色体变异: 进一步增加种群的多样性, 降低种群早熟收敛的风险, 根据设定的变异概率, 采用量子非门、变异门实现某个基因位的变异 [143]。该过程主要使算法具备跳出局部最优解的能力。

虽然 DCQGA 有很多优势但自身也存在不足, 例如: ① 编码空间过大, 最优解搜索概率不高; ② 传统转角策略, 更新步长没有结合目标函数和编码方式特点, 导致更新步长不合理, 引起搜索速度慢、精度低。为了进一步提高双链量子遗传算法的收敛速度、搜索精度, 提出一种高密度编码双链量子遗传算法 (High-density-coding Double Chains Quantum Genetic Algrathem, HDCQGA)。首先提出新的编码方案——高密度编码方式; 其次对算法的进化机制重新制定, 提出自适应余弦梯度步长系数, 使其与所提编码方案无缝配合; 在提高算法收敛速度的同时对其抗局部最优性能进行改善以提高双链量子遗传算法的收敛速度、搜索精度以及鲁棒性, 实施内容如下。

A. 高密度编码方式

注意到传统编码方式中概率幅是周期变化的, 在每条基因链上同一个解出现两次, 也就是说, 这种编码方式在增加最优解的同时引入了更多的次优解。针对这个问题, 为了增加概率幅的密度, 提高最优解搜索概率。首先, 对传统双链量子遗传算法的编码空间进行压缩, 将量子比特编码的初始相位角 $\varphi_{m,n}$ 限定在 $[0, \pi/2]$ 范围内, 其中 $m = 1, 2, \cdots, M$ 和 $n = 1, 2, \cdots, N$ 分别代表种群数和基因位数, 则概率幅取值范围为 $[0, 1]$。为了避免在进化过程中相位角超出 $[0, \pi/2]$, 引起概率幅取值不在 $[0, 1]$ 内, 改进编码方式后, 第 i 条基因链的编码为

$$
P_m = \begin{vmatrix} |\cos(\varphi_{m,1})| & |\cos(\varphi_{m,2})| & \cdots & |\cos(\varphi_{m,N})| \\ |\sin(\varphi_{m,1})| & |\sin(\varphi_{m,2})| & \cdots & |\sin(\varphi_{m,N})| \end{vmatrix} \tag{3-33}
$$

如果基因链 P_i 上的第 n 个基因位的对应概率幅为 $[\alpha_m^n, \beta_m^n]^{\mathrm{T}}$, 对应的解空间为 $\Omega = [a_m, b_m]^{\mathrm{T}}$, 则解空间变换方式为

$$
X_{m,c}^n = \alpha_m^n (b_m - a_m) + a_m \tag{3-34}
$$

$$
X_{m,s}^n = \beta_m^n (b_m - a_m) + a_m \tag{3-35}
$$

与传统编码方式相比, 虽然缩小编码空间会减小最优解的个数, 但是并不会降低最优解的搜索概率, 相反, 在同样的种群数下, 每次搜索到最优解的概率会有所提升。

下证, 在每代进化中, 改进算法的个体相比于传统算法得到 ε-精度最优解[145] 的概率更高。为不失一般性, 假设所求解问题的最优解个数为 1, 染色体个数为 N_g, 每个基因位对应的解的间隔大于 2ϵ, 则针对传统编码方式, 每次进化获得最优解的概率为

$$
P_c(i) = 1 - \frac{(1 - N_g\epsilon)[1 - (N_g + 1)\epsilon]}{1 - \epsilon} \tag{3-36}
$$

改进后, 每次进化获得最优解的概率为

$$
P_p(i) = N_g\epsilon \tag{3-37}
$$

则 $P_p(i) < P_c(i)$，因此，改进的编码方式可以在相同种群规模情况下，获得更高的最优解搜索概率。

B. 自适应余弦梯度函数

传统自适应步长系数为

$$\delta = \mathrm{e}^{\left(-\frac{\nabla f_{j\max} - \nabla f_{j\min}}{\nabla f_{j\max} - \left|\nabla f\left(X_i^j\right)\right|}\right)} \tag{3-38}$$

$\nabla f\left(X_i^j\right)$ 为目标函数 $f(X)$ 在解 X_i^j 处的梯度, $\nabla f_{j\max}$ 和 $\nabla f_{j\min}$ 的定义分别为

$$\nabla f_{j\max} = \max\left\{\left|\frac{\partial f(X_1)}{\partial X_1^j}\right|, \cdots, \left|\frac{\partial f(X_m)}{\partial X_m^j}\right|\right\} \tag{3-39}$$

$$\nabla f_{j\min} = \min\left\{\left|\frac{\partial f(X_1)}{\partial X_1^j}\right|, \cdots, \left|\frac{\partial f(X_m)}{\partial X_m^j}\right|\right\} \tag{3-40}$$

其中，$X_i^j (i = 1, 2, \cdots m; j = 1, 2, \cdots, n)$ 表示向量 X_i 的第 j 个元素，m 表示种群规模，n 表示单个染色体上的量子位数。

由于编码方案采用的是正弦、余弦函数，而自使用步长函数为指数函数，所旋转步长不能很好地拟合余弦编码函数的变化方式，将其替换为余弦函数。令自适应步长系数为

$$\delta = \sin\left(-\frac{\nabla f_{j\max} - \nabla f_{j\min}}{\nabla f_{j\max} - |\nabla f_j|} \times \frac{\pi}{2}\right) \tag{3-41}$$

4. 基于 HDCQGMP-稀疏分解的多通道干扰信号波形检测

将 HDCQGA 与 MP 算法相结合，提出一种基于 HDCQGMP-稀疏分解的干扰信号波形检测方法。定义过完备原子字典原子参数空间为 HDCQGA 的变量空间，HDCQGA 的适应度函数为

$$Z(\boldsymbol{x}_n, \boldsymbol{g}_{r_i}) = \langle \boldsymbol{x}_n, \cos(\mathbf{fre}_{r_i} + \varphi_i)\rangle \tag{3-42}$$

基于 HDCQGMP-稀疏分解算法迭代的主要流程为：

(1) 初始化: $l = 0, \boldsymbol{x}_l = \boldsymbol{x}_n, C = \varnothing$;

(2) 采用 HDCQGA 求解第 l 个最优原子 $\boldsymbol{g}_l$;

(3) 选取使得函数 Z 取最大值的原子为第 l 个最优原子 $\boldsymbol{g}_l$, 更新码本 $C = C \cup C_l$, 其中 $C_l = (z_l, g_{rl})$; 计算剩余信号 $\boldsymbol{x}_{l+1} = \boldsymbol{x}_l - Z(\boldsymbol{x}_l, \boldsymbol{g}_l)\boldsymbol{g}_l$。如果满足终止条件, 停止迭代; 否则, 令 $l = l + 1$, 返回步骤 (2)。

针对具有多天线的卫星导航接收机, 需要多个通道数据进行抗干扰处理。如果每个通道数据独立处理, 既会造成计算资源的浪费, 又无法利用各通道数据间的相关性。由于各通道中信号的频率成分相同, 而相位可以通过解析方法求取, 所以可以只对一个通道进行稀疏分解, 然后利用获得的频率参数, 求取各通道相位信息, 最终得到去除连续波干扰的信号, 其流程如图 3.2.4 左侧部分所示。但是由于在复杂的干扰环境中, 已知波形样式的干扰信号可能湮没于其余干扰信号中, 为了避免由

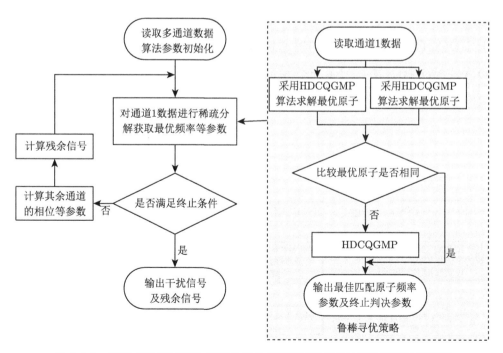

图 3.2.4　基于 HDCQGMP-稀疏分解的多通道干扰信号波形检测算法流程图

HDCQGMP 算法陷入局部最优解而造成的干扰检测性能降低的问题，采用基于冗余计算的鲁棒性寻优策略，其处理流程如图 3.2.4 中虚线框内容所示。

首先对通道 1 的接收数据利用改进的 HDCQGMP 进行两次独立的稀疏分解，二者的种群初始化参数及寻优过程相互独立。然后，比较二者稀疏分解所得到的最优原子的频率参数是否一致，如果一致，输出稀疏分解结果，如果二者存在差异，则根据所得稀疏分解结果，将搜索空间缩小后，再次进行稀疏分解，然后输出稀疏分解结果。最后，其余通道根据稀疏分解所获得的最优频率参数完成相位及幅度结算。

3.3　仿真实验与结果分析

本章的研究围绕混合干扰环境下已知波形信息干扰信号的检测与消除问题的探索，对 DCQGA 进行改进提出了 HDCQGA，研究了基于 HDCQGMP-稀疏分解的多通道干扰信号波形检测与抑制方法，以及级联式抗干扰方法。为了充分说明所研究算法的性能，本节将对所研究内容进行仿真分析，仿真思路与章节主要研究内容对应关系如图 3.3.1 所示。

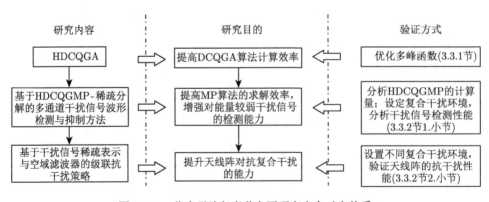

图 3.3.1　仿真思路与章节主要研究内容对应关系

3.3.1 高密度编码双链量子遗传算法性能仿真

以求解多峰函数 Shaffer's F6 的最大值为优化目标，验证本章所提 HDCQGA 的性能，并与 F-DCQGA[144] 和传统的 DCQGA[145] 进行对比。函数 Shaffer's F6 的表达式为

$$f(x,y) = 0.5 - \frac{\sin^2\left(\sqrt{x^2-y^2}\right) - 0.5}{(1+0.001(x^2+y^2))^2} \tag{3-43}$$

该函数在 $-100 < x < 100, -100 < y < 100$ 范围内拥有唯一的全局最大值和无数的局部极大值。当 $x=0, y=0$ 时，取得唯一全局最大值 1。当寻得的优化解满足 $f(x,y) > 0.9903$ 时，即可认为寻优算法收敛。进行 20 次独立优化求解的仿真结果如表 3.3.1 和图 3.3.2 所示，本章所提算法具有更高的概率收敛，且能够获得更优的结果。

表 3.3.1　Shaffer's F6 优化

名称	最优结果	最差结果	平局结果	收敛次数	平均寻优时间
HDCQGA	0.99998	0.99028	0.995266	14	0.07731
F-DCQGA	0.99788	0.99013	0.991806	7	0.07753
DCQGA	0.99547	0.99016	0.990603	2	0.07821

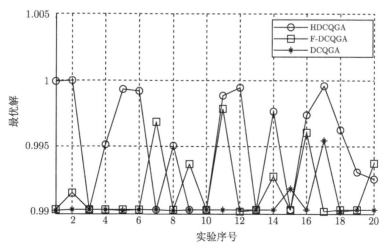

图 3.3.2　Shaffer's F6 优化结果

3.3.2　基于波形信息稀疏分解的抗干扰方法性能仿真

本节针对基于 HDCQGMP-稀疏分解的多通道干扰信号波形检测与抑制方法和基于干扰信号稀疏表示与空域滤波技术的级联抗干扰方法的性能进行仿真验证与分析,仿真条件如下:接收天线为 4 阵元等距线阵,各通道中频模拟信号中心频率为 2.046 MHz,采样率为 16.328MHz。GNSS 信号为 C/A 码扩频信号,码速率为 1.23MHz。GNSS 信号的多普勒频移为 30Hz,SNR= −20dB,其入射角度为 −10°。干扰信号中频参数如表 3.3.3 所示。第一级基于 HDCQGMP-稀疏分解方法所用到的参数如表 3.3.2 所示,原子参数范围如表 3.3.4 所示,另外稀疏分解算法的终止门限为 $\rho_t = 8$。经过第一级连续波干扰检测与抑制处理后,通过正交下变频,得到基带 I、Q 信号,送入第二级基于天线阵的抗干扰处理模块。稀疏分解方法中每个处理批次所用采样点数为 24492。

表 3.3.2　HDCQGMP 算法参数

种群数	变异概率	固定转角/rad	进化次数
1000	0.1	0.05	40

表 3.3.3　干扰信号中频参数

名称	干扰类型	中心频率/MHz	带宽/MHz	入射角/(°)	其他
1	单频干扰	2.046	0	5	/
2	单频干扰	1.962	0	−10	/
3	调频干扰	2.046	2	30	$T_{LF} = 58\mu s, t_0 = 12\mu s$
4	调频干扰	2.046	2	−10	$T_{LF} = 92\mu s, t_0 = 9.5\mu s$
5	调频干扰	2.046	2	−20	$T_{LF} = 92\mu s, t_0 = 9.5\mu s$
6	带限高斯噪声	2.046	2	50	/
7	带限高斯噪声	2.046	2	−45	/

表 3.3.4   原子参数范围

参数	频率范围	带宽	调频周期	调频偏置
搜索范围	[1.046MHz,3.046MHz]	2MHz(或 0)	[0.035ms,0.3ms]	$[0,T_{\text{LF}}]$

基于 MP 算法的稀疏分解算法的大部分计算都花费在了计算原子与信号的内积上，所以可以采用内积的计算次数近似地表示传统的基于 MP 算法的稀疏分解算法与本章所提基于 HDCQGMP 的稀疏分解算法的计算量。如果采用传统的基于 MP 算法的稀疏分解算法，为确保抗干扰性能，参数 f_{r_i}、T_{r_i}、t_{r_i} 和 φ_{r_i} 的间隔应分别不大于 10 Hz、10 ns、10 ns 和 0.01π。表 3.3.5 为二者计算量对比，它说明本章所提的基于 HDCQGMP 的稀疏分解算法的计算量约为传统 MP 算法的万分之一。此外，由于 HDCQGMP 具有连续参数空间寻优能力，所以其分解精度不受离散化网格的限制。

表 3.3.5   传统 MP 算法与基于 HDCQGMP 算法的计算量对比

名称	单通道内积计算次数
传统基于 MP 算法的稀疏分解算法	8.25×10^{10}
基于 HDCQGMP 的稀疏分解算法	2.64×10^{6}

1. 基于 HDCQGMP-稀疏分解的多通道干扰信号波形检测方法性能仿真

本节考虑对干扰 1、2、4、6 和 7 存在时的干扰环境进行仿真实验，其中干扰 1、2 和 4 的干噪比 (INR) 为 30dB，干扰 6 和 7 的 INR 为 40dB，验证本章所提基于 HDCQGMP-稀疏分解的多通道干扰信号波形检测方法在混合干扰环境下，干扰检测与抑制性能，对比算法为文献 [113] 所提频域滑窗检测算法。根据 3.2.3 节所阐述的算法特点及仿真条件，所提算法应该能够检测出干扰 1、2 和 4 并将其在接收信号中消除。

图 3.3.3(a) 和 (b) 显示了接收信号与各干扰信号的时域波形和功率谱密度。可发现无论时域还是频域干扰 1、2 和 4 都几乎湮没于宽带高

斯干扰信号, 所以无论在频域还是时域均难以直接对其进行检测与抑制。图 3.3.4 为利用文献 [87] 所提频域滑窗检测方法对接收信号频域数据进行滑窗处理的结果, 图中两个明显的尖峰是由干扰信号所在频带边缘能量变化较大引起的, 而单频干扰所在频段内的均方差与其他频段相差不大, 所以该对比算法失效。

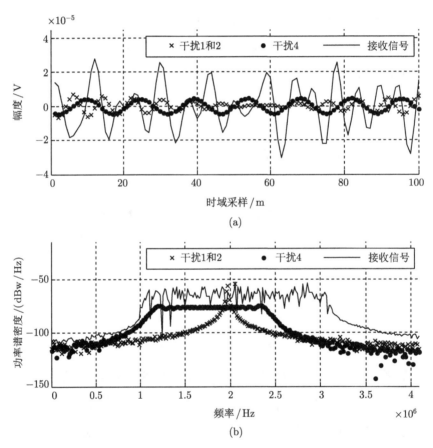

图 3.3.3　通道 1 接收信号及各个干扰信号特征: (a) 时域波形; (b) 功率谱密度

　　利用本章所提算法对各通道数据进行稀疏分解, 表 3.3.6 列出了基于 HDCQGMP-稀疏分解的多通道抗干扰算法的迭代次数和终止条件之间的关系。可以发现, 前三次迭代的 ρ 值大于阈值, 这与 3.2.3 节的理论分析和仿真条件相吻合。

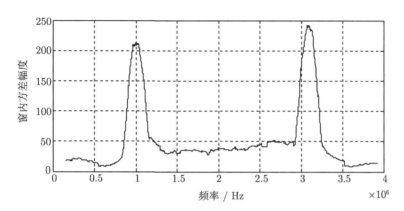

图 3.3.4 频域滑窗处理后方差分布图

表 3.3.6 迭代次数和终止条件的关系

迭代次数	1	2	3	4
ρ	23.9	23.7	22.6	3.296
是否终止	否	否	否	是

图 3.3.5 为真实干扰信号与估计信号的时域波形; 图 3.3.6 为理论上消除干扰 1、2 后剩余信号的时域波形和所估计的剩余信号的时域波形。对比真实信号的波形和估计信号波形, 二者几乎相同, 理论上的真实信号与估计信号的差信号相对很小, 这说明基于改进的 HDCQGMP-稀疏分解的多通道抗干扰方法可以有效地检测和消除抑制波形信息的干扰信号。

采用归一化均方误差 (Normalized Mean Square Error, NMSE) 定量表示真实信号与估计信号波形之间的差异, 真实信号和估计信号分别定义为 $x(m)$ 和 $\hat{x}(m)$, 则 NMSE 的定义为

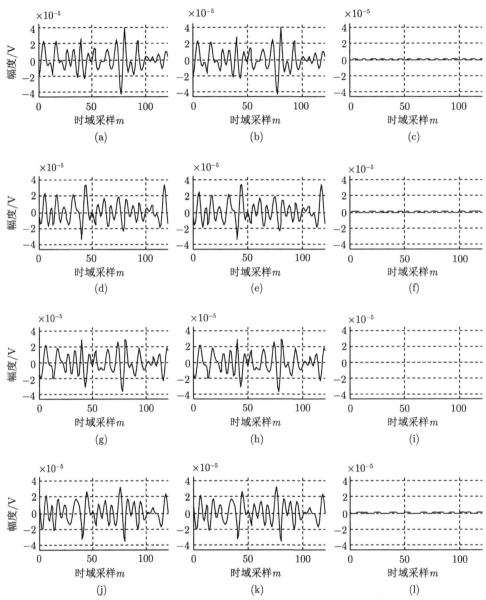

图 3.3.5　理论与估计的已知波形样式干扰信号时域特征及二者的差信号波形：(a), (d),(g) 和 (j) 分别为通道 1~4 的已知波形样式干扰的混合波形；(b) ,(e) ,(h) 和 (k) 分别为通道 1~4 稀疏分解得到的干扰信号；(c), (f) ,(i) 和 (l) 分别为通道 1~4 理论干扰信号与估计信号的差信号波形

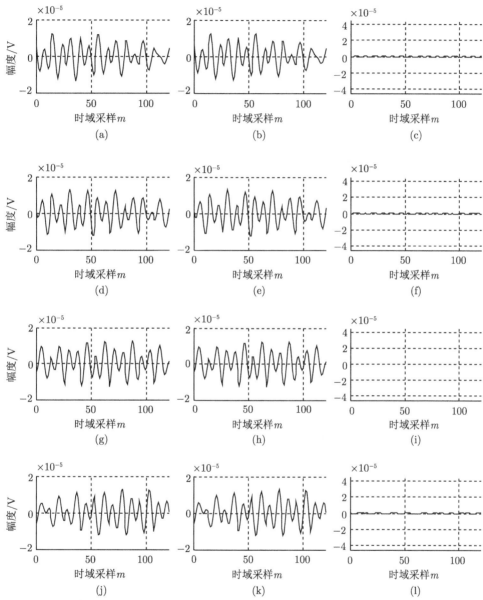

图 3.3.6 理论与估计的剩余信号时域特征及二者的差信号波形: (a), (d),(g) 和 (j) 分别为通道 1~4 的理论上的剩余信号波形; (b), (e), (h) 和 (k) 分别为通道 1~4 稀疏分解后得到的剩余信号波形; (c), (f), (i) 和 (l) 分别为通道 1~4 理论剩余信号与稀疏分解剩余信号的差信号波形

$$\mathrm{NMSE} = \frac{\sum\limits_{m=1}^{M}[x(m) - \hat{x}(m)]^2}{\sum\limits_{m=1}^{M}[x(m)]^2} \tag{3-44}$$

表 3.3.7 为归一化均方误差计算结果，估计信号的 NMSE 较小，因此可以近似地认为剩余信号中不存在已知波形信息的干扰信号。

表 3.3.7   各通道估计信号与真实信号的 NMSE

名称	通道 1	通道 2	通道 3	通道 4
已知波形样式干扰信号	0.0216	0.0357	0.0327	0.0235
剩余干扰信号	0.0127	0.0214	0.0197	0.0139

为了验证基于 HDCQGMP-稀疏分解的多通道干扰信号波形检测方法在干扰信号能量不同时的性能，令干扰信号 6 和 7 的 INR 为 40dB，观察干扰信号 1、2 和 4 的 INR 不同时，重构干扰信号和剩余信号的 NMSE。图 3.3.7 为在干扰信号 1、2 和 4 能量不同时，由 100 次蒙特卡罗实验获得的各通道估计信号与真实信号的平均 NMSE。随着可稀疏表示干扰信号能量的增大，可稀疏表示干扰信号的重构误差呈下

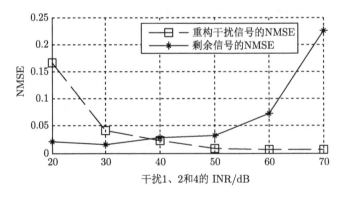

图 3.3.7   各通道估计信号与真实信号的平均 NMSE

降趋势，剩余信号的误差呈上升趋势。这是因为，由公式 (3-12)、(3-13) 和 (3-16) 可知不可稀疏表示信号的相对能量的大小影响稀疏分解方法求解干扰信号波形信息的精度，特别是干扰信号波形幅度信息，所以可稀疏表示干扰信号的能量越大，其估计精度越高。随着可稀疏表示干扰信号能量的增加，其误差信号的绝对值越大，所以剩余信号精度有所下降。

2. 基于干扰信号稀疏表示与空域滤波技术的级联抗干扰方法的性能

实验 1：不同干扰场景下波形-空域级联抗干扰方法的性能仿真。

在本节的实验中，级联处理的第二级采用基于 MPDR 的空域滤波器，该方法能够利用天线阵的空域自由度，在空间域实现对期望信号的最佳接收，并对干扰进行有效抑制。为了描述的简洁性，将基于干扰信号稀疏表示与空域滤波技术的级联抗干扰方法记为 "波形-空域级联处理"。采用文献 [113] 所述的频域-空域级联抗干扰算法和文献 [101] 所提出的无畸变空时处理器 (Distortionless Space-Time Adaptive Processor, DSTAP) 作为对比算法，设计了三个不同实验场景以充分验证波形-空域级联处理算法的有效性：场景 1，选用干扰信号 2、3 和 6，验证存在与卫星信号同向的窄带干扰时，不同算法的抗干扰效果；场景 2，选用干扰 1、4 和 6，验证存在与卫星信号同向的宽带干扰时，不同算法的抗干扰效果；场景 3，选用 1、2、3、5、6 和 7，验证不同算法在宽带干扰个数大于阵元数时的抗干扰效果。对于所有场景，干扰信号 1~5 的 INR 为 30dB，干扰信号 6 和 7 的 INR 为 40dB。抑制干扰后，采用 3ms 的数据进行捕获处理，以相干积分器 [165] 的捕获结果衡量各个算法性能。

对于场景 1，如图 3.3.8(a) 所示说明频域-空域级联抗干扰算法无法将所有干扰消除，这是因为窄带干扰能量相对较低，第一级频域处理算法无法有效地检测并抑制场景中的窄带干扰，此时，级联算法退化为单纯的空域滤波器，而又因为窄带干扰信号与 GNSS 信号同向，空域滤波器无法在消除干扰的同时保证期望信号的有效接收。图 3.3.8(b) 和 (c) 中有明显的相关峰，说明相应的两种抗干扰算法有效。具有空时二维处理能力的 DSTAP 能够在空域分辨力受到影响时，利用频域的特性将窄带干扰进行消除。波形-空域级联处理方法，能够在混合干扰中

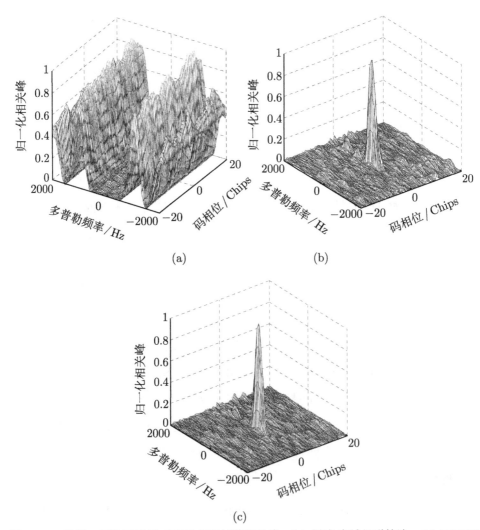

图 3.3.8　场景 1 下抗干扰后 GNSS 信号捕获相关峰: (a) 频域-空域级联算法; (b) DSTAP; (c) 波形-空域级联处理

将单频连续波消除，第二级的空域处理能够有效地处理与 GNSS 不同向的干扰信号。

对于场景 2 和场景 3，图 3.3.9(a) 和 (b) 及图 3.3.10(a) 和 (b) 说明两种对比算法均失效。这是由于空域及空时处理器均不能有效地消除不小于阵元数的宽带干扰，也不具有抑制与期望信号同向宽带干扰的能力。

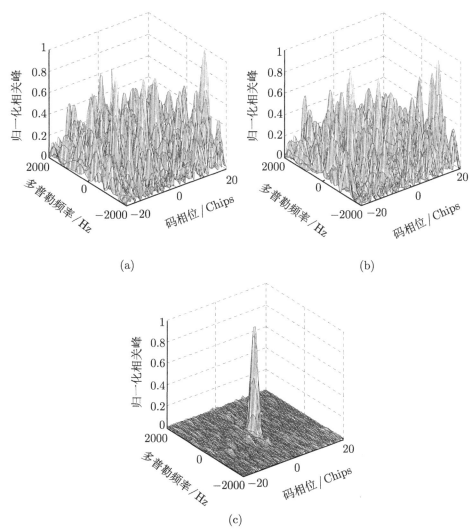

图 3.3.9　场景 2 下抗干扰后 GNSS 信号捕获相关峰：(a) 频域-空域级联算法；(b) DSTAP；
(c) 波形-空域级联处理

由于干扰信号 2、4 和 5 属于波形信息抑制的干扰信号，所以本章算法能够将其在第一级处理中有效地检测出来并抑制掉，而第二级的空域滤波算法可以将剩余的干扰滤除。

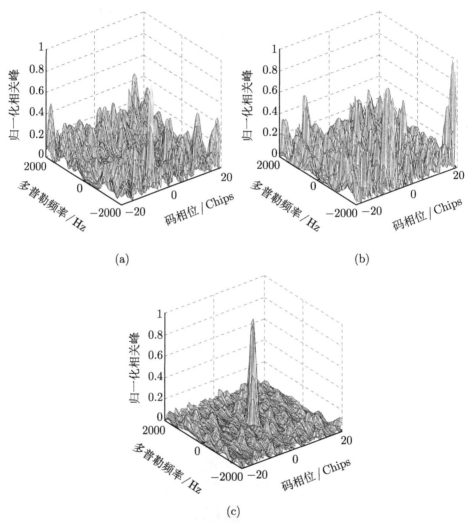

图 3.3.10 场景 3 下抗干扰后 GNSS 信号捕获相关峰：(a) 频域-空域级联算法；(b) DSTAP；(c) 波形-空域级联处理

实验 2：不同 INR 条件下基于波形信息稀疏分解与空域滤波器的级联抗干扰方法的性能仿真。

为了验证不同能量干扰信号对基于波形信息稀疏分解与空域滤波器的级联抗干扰方法性能的影响，观察当表 3.3.3 中干扰共存时，在不同 INR 条件下，抗干扰处理后 SINR 的变化。

图 3.3.11 为输入 INR 与抗干扰输出 SINR 之间的关系曲线，随着输入干扰信号 INR 的增加，抗干扰输出的 SINR 呈下降趋势。其原因是，随着干扰信号能量的增加，采用基于 HDCQGA-稀疏分解的干扰波形检测方法重构的干扰信号波形的绝对误差越大，剩余信号中的可稀疏表示干扰信号的残余能量越大，即剩余信号中强干扰的个数大于天线阵阵元的个数；所以第二级空域滤波器没有足够的空间自由度消除所有的剩余干扰。另外，可以发现，INR=20dB 和 30dB 所对应的输出 SINR 大于输入 SNR(SNR=−20dB)，这是因为，当干扰信号能量较小时，基于 HDCQGA-稀疏分解的干扰波形检测方法能够有效地消除波形样式已知的干扰信号，进而空域滤波器的输入信号中的干扰个数小于空域自由度；而基于 MPDR 的空域滤波器可以利用天线阵的空间增益提高期望信号的信噪比。

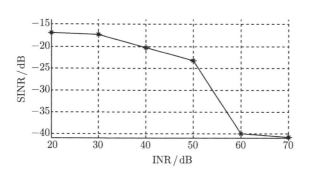

图 3.3.11　输入 INR 与抗干扰输出 SINR 的关系

3.4　本章小结

鉴于卫星导航接收机面临的干扰环境日益复杂，本章提出一种基于干扰信号稀疏表示与空域滤波器的级联抗干扰方法；并重点研究了混合干扰环境下，能量相对较弱的干扰信号的检测与抑制问题，提出一种基于 HDCQGMP-稀疏分解的多通道干扰信号波形检测与抑制方法，该方法在混合干扰环境下，能够完成对已知波形样式干扰信号的检测与抑制。具体地，① 分析了稀疏分解理论在 GNSS 接收抗干扰领域应用的合理性——干扰信号的可检测性，干扰检测所需的条件以及多干扰间的相互影响；② 根据干扰信号相位参数在寻优过程中的规律性，提出一种解析求解相位参数的方法；③ 降低过完备原子字典中原子个数。将具有连续编码空间的双链量子遗传算法进行改进并引入到 MP 算法的求解过程中，进而提出一种 HDCQGMP-稀疏分解方法。仿真结果验证了所提的基于 HDCQGMP-稀疏分解的多通道干扰信号波形检测与抑制方法能够在混合干扰环境下，完成对目标类型干扰信号 (与其他干扰信号的能量比为 10dB) 的检测与抑制，验证了所述级联抗干扰方法能够有效提高卫星导航接收机对抗混合干扰的能力。

第 4 章　基于时域数据重组的空时抗干扰方法

通过波形域信息稀疏分解提高各通道检测与抑制能量相对较弱的干扰信号的性能，能够有效提升天线阵接收机对抗多干扰的能力。但是，当信号波形样式较复杂时，干扰信号稀疏表示需要估计的参数增多，求解计算量急剧上升。因此第 3 章所提方法适合检测与抑制波形样式相对简单或者先验信息较多的干扰，例如单频连续波干扰、已知部分信息的锯齿波干扰，或者己方所释放的压制干扰。对于其他干扰，则需要利用天线阵的空域分辨力优势进行抑制，例如空域滤波器或者空时滤波器。相对于空域滤波器，空时处理器具有更高的对抗混合干扰的能力，尤其增加了天线阵可对抗窄带干扰的个数 [7,146]。然而，空时处理器中的 FIR 滤波器结构，不具有时频域分辨能力，无法充分利用时频稀疏干扰信号频率随时间变化的特性。因此现有基于天线阵的抗干扰方法能够处理的宽带干扰个数仍为天线阵元数减一，且无法对抗与 GNSS 信号入射方向邻近的宽带干扰信号。

考虑到，宽带周期调频 (WBPFM) 信号是目前较为常见的一种时频稀疏干扰，在民用和军用领域应用极为广泛 [33,56,148]。为了提高天线阵接收机对抗 WBPFM 干扰信号的个数，本章在深入分析 WBPFM 信号广义周期特性与时频稀疏性的基础上，提出一种基于时域数据重组的空时抗干扰方法 (Temporal Data Regrouping Based Spatial-Temporal Adaptive Processing, TDR-STAP)。该算法首先利用改进的奇异值比谱峰值周期检测方法估计接收信号中各周期调频干扰信号的广义周期，进而将各通道接收信号中间隔为最小公周期整数倍的数据重组得到空时数据矩阵，然后，利用基于 OMPDR 准则的空时处理器 (OMPDRbased Spatial-Temporal Processer, OMPDR-STP) 实现干扰消除。仿真验证所提方法可以在不增加接收机阵元个数的前提下，提高天线阵对抗WBPFM 干扰的能力。

4.1　WBPFM 信号的广义周期特性

一般地，WBPFM 信号的数学模型可以表示为

$$j_{\text{PFM}}(t) = A\mathrm{e}^{-\mathrm{j}[2\pi f_M(t)+f_c t+\varphi]} \tag{4-1}$$

式中，f_c 为载频，φ 为相位，$f_M(t) \in [f_0 - B_{\text{PFM}}/2, f_0 + B_{\text{PFM}}/2]$ 是以 T_M 为周期的调频函数，其中 f_0 为中心频率，B_{PFM} 为调频带宽。对于正整数 v，有

$$\begin{aligned} j_{\text{PFM}}(t+vT_M) &= A\mathrm{e}^{-\mathrm{j}[2\pi f_M(t+vT_M)+f_c\times(t+vT_M)+\varphi]} \\ &= A\mathrm{e}^{-\mathrm{j}[2\pi f_M(t)+f_c t+\varphi]}\mathrm{e}^{-\mathrm{j}2\pi f_c vT_M} \\ &= \mathrm{e}^{-\mathrm{j}2\pi f_c vT_M}j_{\text{PFM}}(t) \end{aligned} \tag{4-2}$$

式 (4-2) 说明相隔整数个调频周期的 WBPFM 信号数据只相差一个比例因子，如果每隔相同整数个周期抽取一个数据，然后依次重组，重组后的数据可以表示为

$$j_{\varphi_t}(l) = j_{\varphi_t}\mathrm{e}^{-\mathrm{j}2\pi f_c vT_M l} = \mathrm{e}^{-\mathrm{j}2\pi f_c vT_M l+\varphi_t} \tag{4-3}$$

式中 $l = 1, 2, \cdots$。因此，重组后的信号为单频信号。以周期锯齿波调频信号为例简要说明，设线性调频周期为 300 个采样点，归一化幅度为 1，归一化带宽为 0.8。将间隔 300 个采样点 (一个调频周期) 的数据重组，重组前后信号特性如图 4.1.1 所示。图 4.1.1 (a) 和 (c) 分别为原始信号的时域波形和频谱图，对应地，图 4.4.1 (b) 和 (d) 为数据重组后某一组信号时域波形和频谱图。

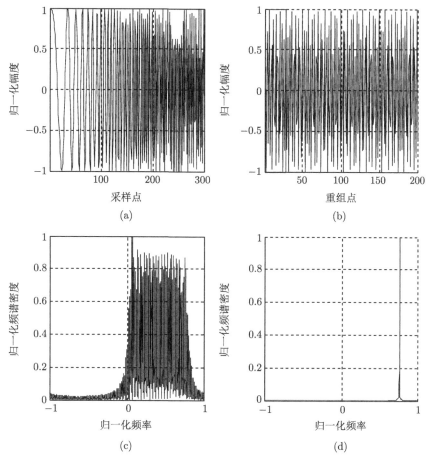

图 4.1.1 周期锯齿波调频信号时域重组前后信号特性 $(p = 1)$: (a) 原始信号时域波形;
(b) 重组后时域波形; (c) 原始信号频域特征; (d) 重组后频域特征

如果间隔相同整数个调频周期抽取的连续数据个数为 $p(p > 1)$，重组后的数据可以表示为

$$j_{\varphi_t}(l) = \begin{cases} j_{\varphi_1} \mathrm{e}^{-\mathrm{j}2\pi f_c v T_M l} = \mathrm{e}^{-\mathrm{j}2\pi f_c v T_M l + \varphi_1}, & t = t_1 + v T_M l \\ j_{\varphi_1} \mathrm{e}^{-\mathrm{j}2\pi f_c v T_M l} = \mathrm{e}^{-\mathrm{j}2\pi f_c v T_M l + \varphi_2}, & t = t_2 + v T_M l \\ \qquad\qquad \vdots \\ j_{\varphi_m} \mathrm{e}^{-\mathrm{j}2\pi f_c v T_M l} = \mathrm{e}^{-\mathrm{j}2\pi f_c v T_M l + \varphi_m}, & t = t_m + v T_M l \end{cases} \tag{4-4}$$

此时重组后的信号类似于相位调制信号。仍以图 4.1.1 所示线性调频信

号为例，当以间隔 300 个采样点 (一个调频周期) 连续抽取点数为 $p=2$
时，重组前后信号时、频域特性如图 4.1.2 所示。

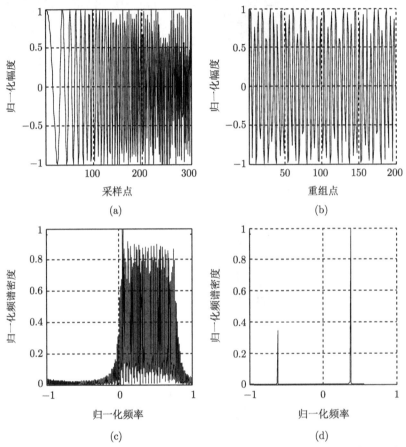

图 4.1.2 周期锯齿波调频信号时域重组前后信号特性 ($p=2$)：(a) 原始信号时域波形；
(b) 重组后时域波形；(c) 原始信号频域特征；(d) 重组后频域特征

当所选取数据间隔与调频周期之间存在误差 ΔT 时，重组后数据为

$$j_{\varphi_t}(l) = j_{\varphi_t} \mathrm{e}^{-\mathrm{j}2\pi f_c v(T_M + l\Delta T)l} = \mathrm{e}^{-\mathrm{j}2\pi f_c v(T_M + l\Delta T)l + \varphi_t} \tag{4-5}$$

此时，重组后的信号是调频函数，其带宽与 ΔT 和重组数据长度有关。
例如，设线性调频周期为 299.7 个采样点，归一化幅度为 1，归一化带

宽为 0.8。以间隔 300 个采样点抽取数据并重组，重组数据长度为 1024，则重组前后信号时、频域特性如图 4.1.3 所示。

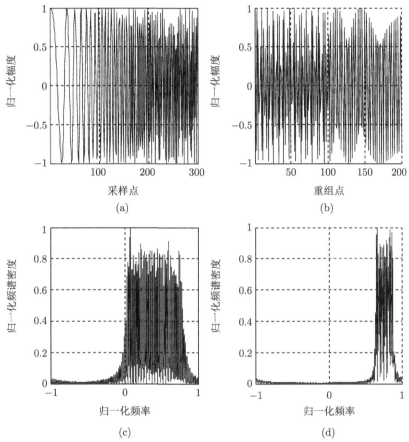

(a)

(b)

(c)

(d)

图 4.1.3　周期锯齿波调频信号时域重组前后信号特性（$T = 0.3$ 个采样点）：(a) 原始信号时域波形；(b) 重组后时域波形；(c) 原始信号频域特征；(d) 重组后频域特征

综上分析，可以根据调频周期，采用时域数据重组的方式将 WBPFM 干扰信号分割为窄带信号甚至是单频信号。

4.2　多通道数据重组与空时处理方法

空时处理器中的 FIR 滤波器，只具有特定频域的全局分辨能力，不能够充分利用 WBPFM 干扰信号在时频域上的稀疏特性。因此在传统的空时处理算法中，WBPFM 干扰被视作全局宽带干扰进行处理，浪费了天线阵的空域自由度。由 4.1 节分析可知，按照调频周期对 WBPFM 信号的时域数据进行重组，可以将该类宽带干扰转换为窄带干扰，以克服传统空时处理器不具有时频分辨力的缺点。据此，本章提出一种基于时域数据重组的空时抗干扰方法，原理如图 4.2.1 所示，主要包括调制周期估计技术、数据分割重组方法和抗干扰处理器。首先，利用改进的奇异值比谱峰值周期检测技术估计各周期调频信号的调频周期，进而计算所有周期调频信号的最小公周期；继而，根据所得最小公周期参数对各通道信号进行分块与重组。然后，利用 OMPDR-STP 消除各组数据中的干扰；最终，将干扰消除后的数据进行时域重构，获得后续处理所需数据。

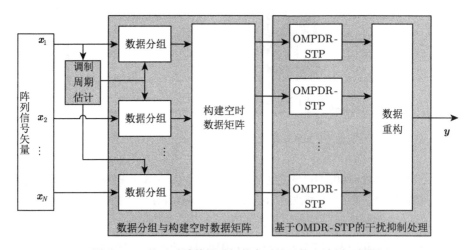

图 4.2.1　基于时域数据重组的空时抗干扰方法原理框图

4.2.1　改进的奇异值比谱峰值周期检测方法

数字化处理后，N 元阵列天线的中频接收信号可以表示为

$$\boldsymbol{x}(m) = \begin{bmatrix} x_1(m) & x_2(m) & \cdots & x_N(m) \end{bmatrix}^{\mathrm{T}} = \boldsymbol{a}s(m) + \sum_{i=1}^{K} \boldsymbol{b}_i j_i(m) + \boldsymbol{\eta}(m)$$

$$(4\text{-}6)$$

式中，$m = 1, 2, \cdots$，表示采样点序号。

针对以 T_k 为广义周期的信号，可采用奇异值比谱的方法估计各周期调频信号的广义周期[149-151]。由于各通道信号的信号分量相同，因此选取某一通道信号，令 $\kappa_1 < m_\omega < \kappa_2$，其中 κ_1 和 κ_2 分别为周期搜索范围的最小值和最大值，构建 $2 \times m_\omega$ 维检测矩阵

$$\boldsymbol{O}_m = \begin{bmatrix} x_n(1) & x_n(2) & \cdots & x_n(m_\omega) \\ x_n(m_\omega + 1) & x_n(m_\omega + 2) & \cdots & x_n(2m_\omega) \end{bmatrix}$$

$$(4\text{-}7)$$

对 $\boldsymbol{O}_m$ 奇异值分解，可得

$$\boldsymbol{O}_m = \boldsymbol{U}_m \boldsymbol{\Sigma}_m \boldsymbol{V}_m \qquad (4\text{-}8)$$

其中，$\boldsymbol{U}_m$、$\boldsymbol{V}_m$ 分别为左、右特征矢量矩阵，$\boldsymbol{\Sigma}_m = \mathrm{diag}\{\sigma_{m_1}, \sigma_{m_2}\}$，$\sigma_{m_1}$，$\sigma_{m_2}$ 为特征值，且 $\sigma_{m_1} > \sigma_{m_2}$。奇异值比谱的定义为

$$R_\sigma(m) = \frac{\sigma_{m_1}}{\sigma_{m_2}} \qquad (4\text{-}9)$$

当 m_ω 等于信号的调频周期的整数倍时，若 x_n 中只存在一个周期调频信号，$\boldsymbol{O}_m$ 的秩为 1，则 σ_{m_1} 为信号能量，$\sigma_{m_2} = 0$；若 x_n 中存在其他信号或噪声，σ_{m_1} 约为周期信号能量与其余信号在第一个特征矢量上投影能量的和，σ_{m_2} 为剩余的信号能量。所以当 m_ω 为某个信号分量周期的整数倍时，$R_\sigma(m)$ 存在峰值，且 m_ω 越大，相对于其他信号分量，周期信号分量的能量在第一个特征值上的累积越多，奇异值比谱的峰值越明显。

传统的基于奇异值比谱的周期估计方法，通过搜索第一个较大奇异值比谱峰值，以其对应的时间点作为信号周期。当周期信号相对于其

他干扰信号能量较低且信号周期较短时，该估计策略面临着如下问题：
① 信号周期对应的第一个奇异值比谱峰值不明显，甚至湮没在噪声中；
② 每个周期信号对应的奇异值比谱峰值周期性出现，由于干扰噪声的
影响，以峰值大小作为检测准则，可能会导致所估计的周期是真实周期
的整数倍。

随着采样数据增加，干扰噪声对奇异值比谱峰值的影响越来越小。
据此，为了克服传统基于奇异值比谱的周期估计方法的缺点，提出一种
改进的奇异值比谱峰值周期检测方法，以估计接收信号中各周期分量的
周期。该方法将传统的奇异值比谱搜索范围 $[\kappa_1, \kappa_2]$ 迁移至 $[\Omega_1, \Omega_2]$，二
者的关系需满足

$$\left\lfloor \frac{\Omega_2}{\kappa_2} \right\rfloor - \left\lceil \frac{\Omega_1}{\kappa_1} \right\rceil > 1 \tag{4-10}$$

其中，$\lfloor \cdot \rfloor$ 和 $\lceil \cdot \rceil$ 分别表示向下取整函数和向上取整函数。

首先，为了降低由干扰噪声引起的虚假峰值的影响，提取大于门限
值峰值序列

$$R_\sigma(m) = \begin{cases} 0, & R_\sigma(m) < \rho \\ R_\sigma(m), & \text{其他} \end{cases} \tag{4-11}$$

其中，ρ 为门限值，根据大量数值实验分析，可将其定义为

$$\rho = 1 + 2 \left[\frac{1}{\Omega_2 - \Omega_1} \sum_{\omega=\Omega_1}^{\Omega_2} R_\sigma(m) - 1 \right] \tag{4-12}$$

然后，对所得峰值进行周期序列检测，搜索具有相同时间间隔的峰值序
列，每个序列的时间间隔对应一个周期调频信号的广义周期。

假设提取后的奇异值比谱峰值对应的时间序列为 $\Gamma = \{\omega_1, \omega_2, \cdots, \omega_i\}$，
其中 $i = 1, 2, \cdots, I$，令 $\Psi = \{T_1, T_2, \cdots, T_k, \cdots\}$ 为估计周期的集合，则
周期检测的流程如图 4.2.2 所示。最后，根据估计的调频周期集合 Ψ，计

算接收信号中各调频周期分量的最小公周期

$$T_c = [\![T_1, T_2, \cdots, T_K]\!] \tag{4-13}$$

其中，$[\![\cdot]\!]$ 表示求一列数的最小公倍数。

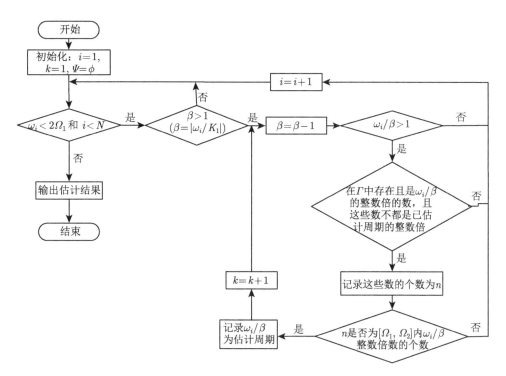

图 4.2.2　奇异值比谱峰值周期检测算法流程图

4.2.2　构建空时数据矩阵

将各通道接收数据分为 Q 组，假设连续数据的个数为 $p(p = T_c/Q$ 为正整数)，则第 n 通道第 q 组空域数据矢量为

$$\boldsymbol{x}_{n_q} = \left[\begin{array}{cccc} \boldsymbol{x}_{n_p,1} & \boldsymbol{x}_{n_p,2} & \cdots & \boldsymbol{x}_{n_p,G} \end{array}\right]^{\mathrm{T}} \tag{4-14}$$

其中，$g = 1, 2, \cdots, G$，所截取的信号采样数据的总长度需满足 $T_c \times G$。

$$\boldsymbol{x}_{n_p,g} = \begin{bmatrix} x_n\left((q-1)\times p+(g-1)\times T_c+1\right) \\ x_n\left((q-1)\times p+(g-1)\times T_c+2\right) \\ \vdots \\ x_n\left((q-1)\times p+(g-1)\times T_c+p\right) \end{bmatrix}^{\mathrm{T}} \qquad (4\text{-}15)$$

假设每组数据通道有 $M_\tau-1$ 个时域抽头,则第 q 组空时矩阵可以表述为

$$\boldsymbol{X}_q = \begin{bmatrix} \boldsymbol{x}_{1_q,1}\boldsymbol{x}_{2_q,1}\cdots\boldsymbol{x}_{N_q,1}\boldsymbol{x}_{1_q,2}\cdots\boldsymbol{x}_{1_q,M_\tau}\cdots\boldsymbol{x}_{N_q,M_\tau} \end{bmatrix}^{\mathrm{T}} \qquad (4\text{-}16)$$

其中, $\boldsymbol{x}_{n_q,m_\tau}$ 为 $\boldsymbol{x}_{n_q}$ 的第 m_τ 组时域延迟数据 $m_\tau = 1,2,\cdots,M_\tau$。

4.2.3　基于 OMPDR 准则的空时处理器

分组后的接收信号可以表示为

$$\boldsymbol{X}_q = \boldsymbol{C}\boldsymbol{S}_q + \sum_{k=1}^{K}\boldsymbol{J}_k + \boldsymbol{N}_\eta \qquad (4\text{-}17)$$

式中, $\boldsymbol{J}_k$ 和 $\boldsymbol{N}_\eta$ 为干扰信号矩阵,令 $\boldsymbol{I}$ 为 $M_\tau \times M_\tau$ 维单位矩阵,则

$$\boldsymbol{C} = \boldsymbol{I} \otimes \boldsymbol{a} \qquad (4\text{-}18)$$

$\boldsymbol{S}_q$ 为 GNSS 信号第 q 组空时数据矩阵:

$$\boldsymbol{S}_q = \begin{bmatrix} s_{q_1,1} & s_{q_1,2} & \cdots & s_{q_1,m_\tau} & \cdots & s_{q_1,M_\tau} \\ s_{q_2,1} & s_{q_2,2} & \cdots & s_{q_2,m_\tau} & \cdots & s_{q_2,M_\tau} \\ \vdots & & & \vdots & & \vdots \\ s_{q_L,1} & s_{q_L,2} & \cdots & s_{q_L,m_\tau} & \cdots & s_{q_L,M_\tau} \end{bmatrix}^{\mathrm{T}} \qquad (4\text{-}19)$$

其中, s_{q_l,m_τ} 为 l 个数据的第 m_τ 个采样数据, $L = p \times G$。

为了消除各组接收信号中的干扰,可以采用基于 MPDR 准则的空时处理器对每组数据进行空时二维滤波,处理后各组导航信号可以表示为

$$\boldsymbol{y}_{s,q} = \boldsymbol{w}_{q_{\mathrm{MPDR}}}^{\mathrm{H}}\boldsymbol{C}\boldsymbol{S}_q = \boldsymbol{h}_{\mathrm{MPDR}}\boldsymbol{S}_q \qquad (4\text{-}20)$$

其中，$\boldsymbol{h}_{\mathrm{MPDR}}$ 为 GNSS 信号的 "空时响应矢量"，由 MPDR 约束条件可得

$$\boldsymbol{h}_{\mathrm{MPDR}} = [1\ h_1\ h_2\ \cdots\ h_{M_\tau - 1}] \tag{4-21}$$

其中，h_1, h_2, $\cdots$, $h_{M_\tau - 1}$ 为随接收信号环境变化而改变的变量。因此，GNSS 信号的时延分量可能不为 0，这些分量叠加到真实信号上必将引起信号失真。为了消除时延分量的影响，采用一种基于 OMPDR 准则的空时处理器对各空时数据矩阵进行干扰抑制处理，其约束问题可以表示为

$$\boldsymbol{w}_{\mathrm{OMPDR}} = \arg\min_{\boldsymbol{w}} \boldsymbol{w}^{\mathrm{H}} \boldsymbol{R}_q \boldsymbol{w} \quad \mathrm{s.t.} \quad \boldsymbol{w}^{\mathrm{H}} \boldsymbol{C} = \boldsymbol{h}_o \tag{4-22}$$

其中，$\boldsymbol{h}_o = \begin{bmatrix} 1 \\ \boldsymbol{0}_{(M_\tau - 1) \times 1} \end{bmatrix}$，即保证空时处理器对 GNSS 信号成分具有无失真的响应。则利用拉格朗日乘子法，可得

$$\boldsymbol{w}_{\mathrm{OMPDR}} = \boldsymbol{R}_q^{-1} \left\{ \left[(\boldsymbol{R}_q^{-1})^{\mathrm{H}} \boldsymbol{C} \boldsymbol{C}^{\mathrm{H}} \right]^{-1} \right\}^{\mathrm{H}} \boldsymbol{C} \boldsymbol{h}_o^{\mathrm{H}} \tag{4-23}$$

则空时处理后各组信号矢量为

$$\boldsymbol{y}_q = \boldsymbol{w}_{\mathrm{OMPDR}}^{\mathrm{H}} \boldsymbol{X}_q = \boldsymbol{s}_q + \boldsymbol{w}_{\mathrm{OMPDR}}^{\mathrm{H}} \left(\sum_{k=1}^{K} \boldsymbol{J}_k + \boldsymbol{N}_\eta \right) \tag{4-24}$$

其中，$\boldsymbol{s}_q = [\ s_{q_1,1}\quad s_{q_2,1}\quad \cdots\quad s_{q_L,1}\ ]$，即 GNSS 信号成分可以无失真地通过空时处理器。

4.2.4　数据重构

最后，对各组抗干扰后的数据进行重构，得到后续处理所需要的数据矢量

$$\boldsymbol{y} = [\boldsymbol{y}_{1,1} \cdots \boldsymbol{y}_{1,Q}\ \boldsymbol{y}_{1,2} \cdots \boldsymbol{y}_{Q,2} \cdots \boldsymbol{y}_{1,G} \cdots \boldsymbol{y}_{Q,G}] \tag{4-25}$$

其中,

$$
\boldsymbol{y}_{q,g} = \begin{bmatrix} \boldsymbol{y}_q\left((g-1)\times p+1\right) \\ \boldsymbol{y}_q\left((g-1)\times p+2\right) \\ \vdots \\ \boldsymbol{y}_q\left((g-1)\times p+p\right) \end{bmatrix}^{\mathrm{T}}
\tag{4-26}
$$

则 $y = s + \eta_y$, 其中 η_y 为抗干扰后的残余噪声, 可以看出 GNSS 信号可无失真地通过抗干扰处理器。

4.3　仿真实验与结果分析

本节采用数值仿真的方法对所提算法进行验证分析, 仿真思路与本章主要研究内容和目的的对应关系如图 4.3.1 所示。仿真条件如下: 采用 4 阵元等间隔线阵, 阵元间距为期望信号波长的二分之一; 中频模拟信号频率为 1.25MHz, 采样频率为 5MHz。假设接收环境中只存在一个期望 GNSS 信号, 其入射角为 $-10°$, SNR$=-20$dB; GNSS 为采用码速率为 1.023MHz 的 C/A 码扩频信号。干扰信号相关参数如表 4.3.1 所示。

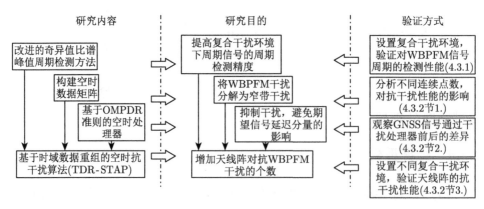

图 4.3.1　仿真思路与本章主要研究内容和目的的对应关系

表 4.3.1　　干扰信号相关参数

名称	类型	带宽	中心频率	入射角	调频周期	INR
1	周期锯齿波调频	2 MHz	1.25MHz	$-50°$	72μs	60dB
2	周期锯齿波调频	2.2 MHz	1.24 MHz	$40°$	40μs	60dB
3	周期锯齿波调频	2 MHz	1.255 MHz	$-14°$	72μs	60dB
4	正弦调频	2.1 MHz	1.23 MHz	$20°$	60μs	60dB
5	正弦调频	1.9 MHz	1.26 MHz	$-30°$	90μs	60dB
6	宽带高斯	2 MHz	1.25 MHz	$65°$	——	65dB
7	窄带高斯	0.1 MHz	1.25 MHz	$-70°$	——	65dB
8	干扰 1 的多径	2 MHz	1.25 MHz	$85°$	40μs	40dB
9	干扰 4 的多径	2.1 MHz	1.23 MHz	$10°$	60μs	40dB

4.3.1　改进的奇异值比谱峰值周期检测方法性能仿真

为了验证改进的奇异值比谱峰值周期检测方法的性能, 表 4.3.1 中的干扰信号全包含于接收信号中。根据相关周期调频干扰信号的先验知识, 调频周期的搜索范围设置为 $[2.4 \times 10^{-5}\,\mathrm{s}, 3.0 \times 10^{-4}\,\mathrm{s}]$, 所提算法中的搜索范围设置为 $[2.4 \times 10^{-4}\mathrm{s}, 7.4 \times 10^{-4}\mathrm{s}]$, 图 4.3.2 显示了相关范围内接收信号的奇异值比谱。图 4.3.2(a) 为周期搜索范围内的奇异值比谱, 利用传统基于奇异值比谱的周期估计方法 [150] 所估计的调频周期为 "×" 所标注的位置, 而真实调频周期为 "○" 所标注的位置。可以发现检测正确率较低, 这主要是因为: ① 由于调频周期较短, 且周期调频干扰信号相对于其他干扰噪声的能量不够大, 在采样数较少的情况下, 周期调制干扰信号的奇异值比谱峰值不明显, 甚至湮没于噪声中; ② 同一个周期调频信号的奇异值比谱峰值是重复出现的。对比图 4.3.2(a) 和 (b), 可以发现, 当采样数据较长时, 奇异值比谱的峰值更加明显。由于周期调频信号的奇异值比谱峰值是重复出现的, 所以对图 4.3.2(b) 峰值进行周期检测, 即可得到估计周期。

表 4.3.2 列出了由 200 次蒙特卡罗实验得到的调频周期估计正确概

率。它说明所提出的方法可以较准确地估计出接收信号中周期调频干扰信号的调频周期，且有较高的鲁棒性。

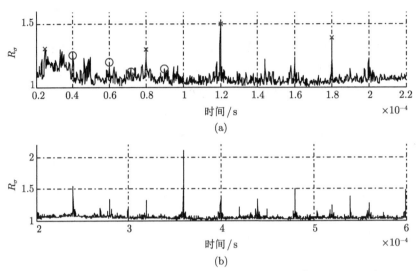

(a)

(b)

图 4.3.2　接收信号的奇异值比谱：(a) $\omega \in \left[2.4 \times 10^{-5}\,\mathrm{s}, 3.0 \times 10^{-4}\,\mathrm{s}\right]$；
(b) $\omega \in \left[2.4 \times 10^{-4}\,\mathrm{s}, 7.4 \times 10^{-4}\,\mathrm{s}\right]$

表 4.3.2　由 200 次蒙特卡罗实验得到的调频周期估计正确概率

名称	改进的奇异值比谱峰值周期检测方法	传统基于奇异值比谱的周期估计方法
周期参数 1($T_M = 90\mu\mathrm{s}$)	98.5%	80%
周期参数 2($T_M = 72\mu\mathrm{s}$)	100%	39%
周期参数 3($T_M = 60\mu\mathrm{s}$)	100%	23%
周期参数 4($T_M = 40\mu\mathrm{s}$)	100%	10%

4.3.2　基于时域数据重组的空时抗干扰方法性能仿真

1. 连续点数 p 对 TDR-STAP 性能的影响

由 4.1 节分析可知，将宽带周期调频信号经时域数据重组，各组信号带宽与分组所选连续点数 p 有关，本节验证不同 p 值对 OMPDR-STP 与 TDR-STAP 抗干扰性能的影响。

实验 1：p 值对 OMPDR-STP 抗干扰性能的影响。

取表 4.3.1 中干扰 1、4 和 6，以接收环境中同时存在两种宽带周期调频干扰和一个高斯宽带干扰为例，说明不同 p 值条件下，空时滤波器响应的差异。图 4.3.3～ 图 4.3.5 分别为 $p=1$，$p=4$，$p=50$ 时，对第一个空时数据矩阵进行处理，OMPDR-STP 所对应的空频响应图。

图 4.3.3(a) 和图 4.3.4(a) 表明：干扰信号 1 和 4 的入射方向 $-50°$ 和 $20°$ 对应的空域有较深零陷，且零陷频域带宽小于干扰信号的总带宽，这说明重组后空时数据矩阵的中周期调频干扰信号带宽小于干扰总带宽。图 4.3.3～ 图 4.3.5 均表明，在干扰 6 入射方向对应的空域上所有频率的零陷均较深，这是因为其不具有周期性，数据重组无法减小该类干扰的带宽。对比 4.3.3(b) 和图 4.3.4(b)，相对于 $p=1$，$p=4$ 时频域零陷宽度较大，干扰入射方向的能量抑制比更大。这是因为随着 p 增大，重组后时频数据矩阵中的干扰带宽越大。

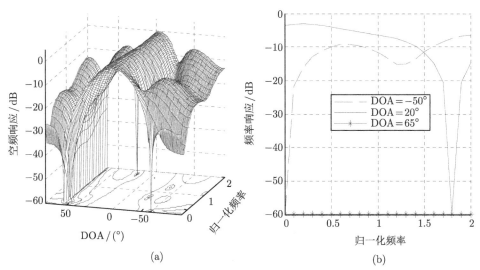

(a)   (b)

图 4.3.3 $p=1$ 时 OMPDR-STP 空频响应：(a) 频率-角度响应；(b) "干扰" 入射方向处频率响应

图 4.3.5(a) 和 (b) 表明当 $p=50$(调频周期的 1/4) 时，干扰信号入

射方向 $(-50°)$ 对应零陷频域带宽较大，天线阵对该空域的信号接收能力非常微弱。这是因为随着 p 增大，重组后空时数据矩阵中干扰信号带宽将会接近干扰总带宽，此时分组处理没有意义。

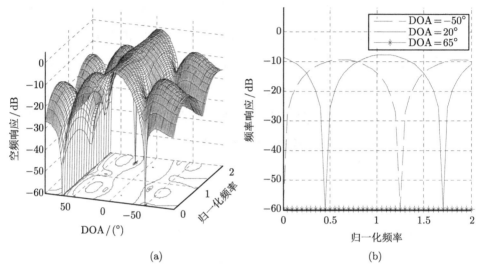

(a)   (b)

图 4.3.4 $p=4$ 时 OMPDR-STP 空频响应：(a) 频率-角度响应；(b) "干扰" 入射方向处频率响应

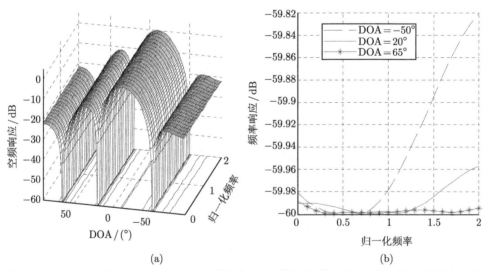

(a)   (b)

图 4.3.5 $p=50$ 时 OMPDR-STAP 空频响应：(a) 频率-角度响应；(b) "干扰" 入射方向处频率响应

实验 2: p 值对 TDR-STAP 抗干扰性能的影响。

令接收信号中包含表 4.3.1 中所有的干扰信号,不同 p 值条件下,经过 500 次蒙特卡罗实验得到的接收机工作特性 (Receiver Operating Characteristic, ROC) 曲线如图 4.3.6 所示。可以发现 p 越小,接收机性能越好。这是因为连续点越少,宽带周期调频信号重组后的带宽越窄。重组后信号带宽越窄,每组干扰信号频带重合的概率越低,进而消耗的空时滤波器的自由度越少。虽然 p 越小,接收机性能越好,但是 p 越小,相同调频周期干扰信号所需要的组数越多,计算量越大。所以 p 的选取需要在计算量和接收机性能之间进行权衡。

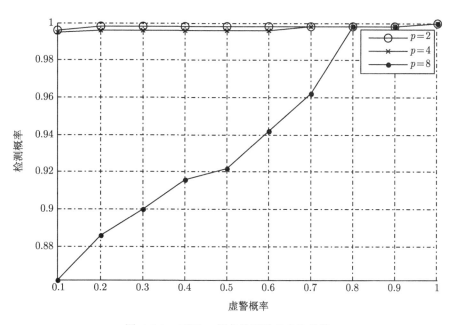

图 4.3.6　不同 p 值条件下的 ROC 曲线

2. 基于时域数据重组的空时抗干扰方法对 GNSS 信号的影响

本小节通过实验证明 TDR-STAP 不会引起 GNSS 信号失真。由于 GNSS 信号微弱,湮没于接收机热噪声中,无法对其进行直接观察。因此,本小节给出一种新的仿真策略,其结构如图 4.3.7 所示,即让 GNSS

信号单独通过与抗干扰处理器相同的处理结构,其分组、空时滤波器权值等相关参数均与抗干扰处理器相同。

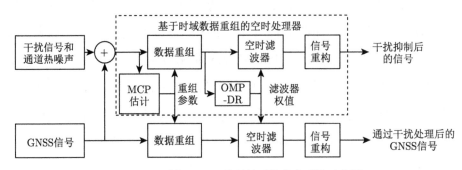

图 4.3.7　观察 GNSS 信号波形的仿真系统示意图

图 4.3.8(a) 和 (b) 分别为原始 GNSS 信号和经过抗干扰处理后的 GNSS 信号的部分时域波形。二者之间几乎不存在差异,仿真数据长度为 45056 时,二者的 NMSE 为 7.95×10^{-16}。说明所提抗干扰方法的数据重组处理和空时处理对期望信号几乎没有影响。

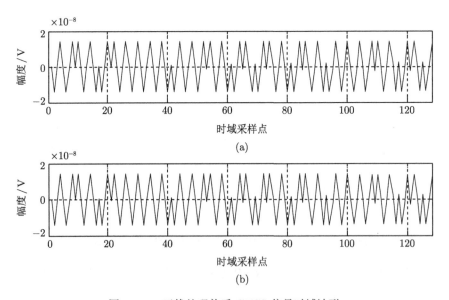

图 4.3.8　干扰处理前后 GNSS 信号时域波形

3. 混合干扰环境下基于时域数据重组的空时抗干扰方法性能仿真

实验 1：不同干扰环境下 TDR-STAP 的抗干扰性能仿真。

为了说明所抗干扰方法的有效性，本节将其与 DSTAP[101] 的抗干扰效果进行对比。对于 TDR-STAP，选取 $p = 4$，空时处理结构中各通道时域抽头延迟数为 5；在 DSTAP 中，每个通道时域延迟抽头数为 9。为了充分验证算法在混合干扰环境下的有效性，共设计三种干扰场景分别为：场景 1，选取干扰 1、4 和 6，用来验证算法在宽带干扰个数少于阵元数时的抗干扰效果；场景 2，选取干扰 3、4 和 6，对比两种算法在有空间临近宽带干扰时的抗干扰效果；场景 3，选取除了干扰 3 以外的所有干扰信号，对比两种算法在宽带干扰个数大于阵元数 (时频阻塞干扰个数小于阵元数) 时的抗干扰效果。抗干扰处理后，利用相干积分技术 [165] 对 GNSS 信号进行捕获，相干积分时间为 2ms，以捕获结果的优劣衡量抗干扰算法的性能。图 4.3.9~ 图 4.3.11 为捕获相关峰，表 4.3.3~表 4.3.5 为通过 500 次蒙特卡罗实验获得的捕获因子的统计特性，捕获因子的定义为 [152]

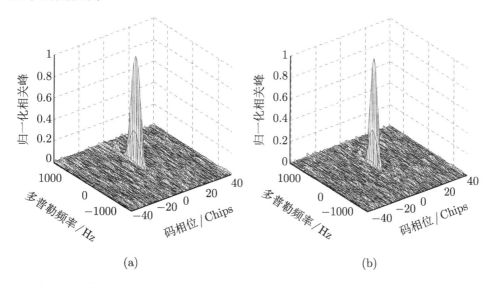

(a)   (b)

图 4.3.9　场景 1 下抗干扰后 GNSS 信号捕获相关峰: (a) DSTAP; (b)TDR-STAP

$$R_P = \frac{P_b}{P_s} \qquad (4\text{-}27)$$

式中，P_b 为最大相关峰值，P_s 为第二大相关峰值。

对于场景 1，图 4.3.9 (a) 和 (b) 中的相关峰都比较明显，表 4.3.3 说明分别经过两种抗干扰处理后，捕获因子相差不大。所以两种抗干扰算法均可以应对宽带干扰个数少于阵元数的情况。

表 4.3.3　场景 1 下的捕获因子

名称	DSTAP	TDR-STAP
相关峰位置	(0 Chips, 250Hz)	(0 Chips, 250Hz)
平均捕获因子	12.1	12.5
最大捕获因子	18.3	21.6
最小捕获因子	6.8	7.3

对于场景 2，图 4.3.10(a) 中没有明显的捕获相关峰，表 4.3.4 也表明在经过 DSTAP 处理后的信号中无法捕获到 GNSS 信号。这是因为与 GNSS 信号入射方向邻近的宽带周期调频干扰信号，在空域和频域

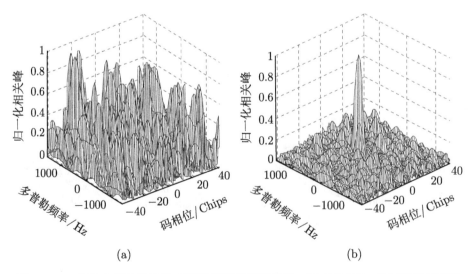

(a)　　　　　　　　　　　(b)

图 4.3.10　场景 2 下抗干扰后 GNSS 信号捕获相关峰：(a) DSTAP；(b) TDR-STAP

将 GNSS 信号完全湮没,而空时处理结构中缺乏时频分辨能力,所以无法在消除干扰的同时提取期望信号。图 4.3.10(b) 中捕获相关峰较为明显,表 4.3.4 说明抗干扰处理后对 GNSS 信号的捕获鲁棒性也较高。其原因为通过时域数据重组,将带宽较大的周期调频干扰分解为了多组带宽较窄的干扰,因此在空域无法分辨期望信号与干扰信号的情况下,仍然能够有效处理周期调频干扰信号。

表 4.3.4　场景 2 下的捕获因

名称	DSTAP	TDR-STAP
相关峰位置	—	(0 Chips, 250Hz)
平均捕获因子	1.0	4.8
最大捕获因子	1.0	7.4
最小捕获因子	1.0	3.6

对于场景 3,图 4.3.11 和表 4.3.5 表明 DSTAP 无法适用于宽带干扰个数较多的混合干扰环境。这与空时处理结构的自由度无法对抗大于阵元数的宽带干扰的结论是一致的。而本章所提方法可以有效地应对该

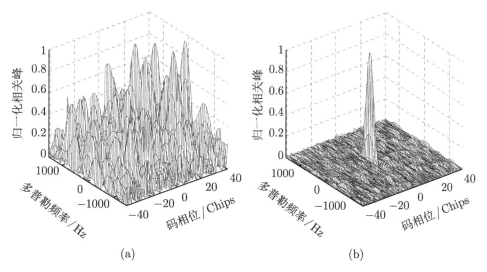

(a)　　　　　　　　　(b)

图 4.3.11　场景 3 下抗干扰后 GNSS 信号捕获相关峰: (a) DSTAP; (b) TDR-STAP

场景，对比表 4.3.3 和表 4.3.5，发现随着干扰个数的增加捕获因子有所降低，但是仍能够满足 GNSS 捕获处理的要求。这说明对周期调频信号的重组处理能够提高基于天线阵的干扰处理方法的时频分辨能力，进而在不能增加阵元的前提下，提高 GNSS 接收对抗宽带周期调频干扰的个数。

表 4.3.5　场景 3 下的捕获因子

名称	DSTAP	TDR-STAP
相关峰位置	—	(0 Chips, 250Hz)
平均捕获因子	1.0	10.2
最大捕获因子	1.0	17.4
最小捕获因子	1.0	5.8

实验 2：不同 INR 条件下 TDR-STAP 的抗干扰性能仿真。

为了验证不同能量干扰信号对 TDR-STAP 性能的影响，令表 4.3.1 中干扰共存于接收环境中，改变干扰信号的能量，观察在不同 INR 条件下，TDR-STAP 输出 SINR 的变化。图 4.3.12 为输入 INR 与输出 SINR 的关系，在所选取的 INR 范围内，TDR-STAP 输出 SINR 变化不明显。这是因为 TDR-STAP 中的数据重组处理与干扰信号能量无关；在

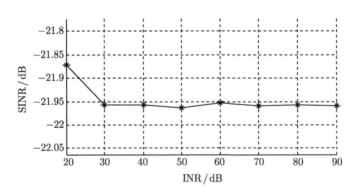

图 4.3.12　输入 INR 与输出 SINR 的关系

计算精度足够的情况下，干扰能量越大，OMPDR-STP 形成的与干扰对应的零陷越深，可以有效地抑制干扰。

4.4 本章小结

在分析 WBPFM 干扰信号广义周期特性的基础上，本章提出了一种基于时域数据重组的空时抗干扰方法。首先，采用改进的基于奇异值比谱峰值周期检测方法，以较高的精度估计出接收信号中周期调频分量的最小公周期，进而根据最小公周期，将各通道接收信号进行重组以构建子空时数据矩阵；然后，采用 OMPDR 准则求取空时处理器的权值，以避免空时处理过程中，期望信号时域延迟分量对真实信号的影响。该方法无须复杂的时频处理手段，即可提高天线阵接收机对抗含有 WBPFM 干扰信号的混合干扰能力。仿真结果验证了所提抗干扰算法可以在保证 GNSS 信号无失真的情况下，有效地应对与 GNSS 信号空间相邻的干扰信号以及宽带干扰个数大于阵元数 (阵元数为 4，宽带干扰个数为 8(含 6 个 WBPFM 干扰)) 的混合干扰。

第 5 章　空时频联合抗干扰方法

为了保证较高的效费比，并提高干扰源的隐蔽性，GNSS 干扰实施方更倾向于利用多种具有时频域强随机、峰值功率高、平均功率低等特点的干扰信号组成混合干扰环境以阻断 GNSS 的信息链路。现有空域或空时抗干扰方法，忽略了干扰信号的时频特性，使得其对抗宽带干扰的个数最多为阵元数减一。因此，在阵元数受限时，卫星导航接收机难以对抗日益复杂的混合干扰。第 4 章所研究的基于时域数据重组的空时抗干扰方法使得天线阵接收机可抑制 WBPFM 干扰的个数突破了阵元数的限制，对于不具有广义周期性的其他类型干扰的检测与抑制，则需要根据干扰的时频稀疏性探索新的处理方法。

为了在不增加阵元的前提下，进一步提高天线阵接收机对抗时频稀疏干扰的能力，本章研究两种可以利用干扰信号时频稀疏特性的空时频联合抗干扰方法——基于公周期时频点重组的空时频抗干扰方法和基于同源时频点检测与重组的空时频抗干扰方法，其核心思想为根据干扰能量在时频域上的分布特点，将具有相同干扰源的时频点进行重组，进而将传统的空域或空时域处理所面临的欠定宽带干扰抑制问题转化为空时频域的适定或超定干扰抑制问题，从而增加阵列天线处理时频稀疏干扰的个数。这两种方法均包含时频点重组和干扰抑制两个步骤。时频点重组方法为所研究算法的核心内容，其性能的优劣直接决定能否获得含有干扰个数最少的空时频数据矩阵，进而影响干扰抑制的效果。

5.1 阵列信号时频数据模型及空时频阻塞率

图 5.1.1 为一个锯齿波调频干扰信号和一个正弦调频干扰信号所组成的混合干扰信号经过短时傅里叶变换得到的时频图。注意到：时频稀疏信号虽然在较长时间内呈现宽带特性，但其在时频域内有显著的能量聚集性和低占空比特性，当存在该类干扰时，时频域内只有少数数据点受到该类干扰的影响，而且，当存在多个干扰时，它们占据的时频点也不会完全相同，即单个时频点上的干扰信号个数可能小于阵元数。

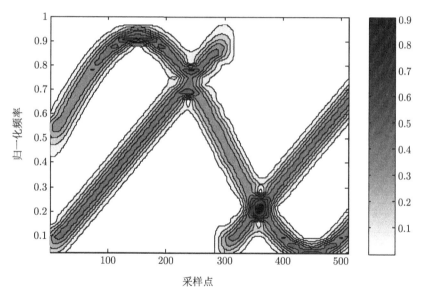

图 5.1.1　一个锯齿波调频干扰信号和一个正弦调频干扰信号所组成的混合干扰信号的时频图

为了充分利用干扰信号的时频域信息，需将各通道时域信号数据变换到时频域。虽然小波变换、WVD 变换等有更好的时频分辨率，但是它们计算量相对较大，因此选择利用计算量相对较小，且具有严格逆变换形式的短时傅里叶变换将各通道信号映射到时频域。在不考虑阵列流型矢量的前提下，第 n 通道接收信号的时频域数据为

$$X_{n_{tf}}(t,f) = \text{STFT}(x_n(t)) = \int\limits_{-\infty}^{+\infty} x_n(\tau) h(\tau - t) e^{-j2\pi f\tau} d\tau$$

$$= \sum_{k=1}^{K} \int\limits_{-\infty}^{+\infty} e_k^{-j2\pi f_k(\tau)\tau_{nk}} j_k(\tau) h(\tau - t) e^{-j2\pi f\tau} d\tau + F_n(t,f)$$

$$(5\text{-}1)$$

式中，$h(\cdot)$ 为窗函数，j_k 为第 k 个干扰信号，$F_n(t,f)$ 为第 n 通道热噪声和 GNSS 信号的短时傅里叶变换。则阵列天线接收信号的时频数据矩阵可以记为

$$\begin{cases} \boldsymbol{X}_{tf}(t,f) = \boldsymbol{B}\boldsymbol{J}_{tf}(t,f) + \boldsymbol{F}(t,f) \\ \boldsymbol{J}_{tf}(t,f) = \left[J_{1_{tf}}(t,f) \, J_{2_{tf}}(t,f), \cdots, J_{K_{tf}}(t,f) \right]^{\text{T}} \\ \boldsymbol{F}(t,f) = \left[F_1(t,f), F_2(t,f), \cdots, F_N(t,f) \right]^{\text{T}} \end{cases} \quad (5\text{-}2)$$

式中，$\boldsymbol{B}$ 为干扰信号导向矢量矩阵 $\boldsymbol{B} = [\boldsymbol{b}_1 \boldsymbol{b}_2 \cdots \boldsymbol{b}_k]$，$J_{k_{tf}}$ 是第 k 个干扰信号 j_k 的时频数据。

在实际应用中，数字化采样后的天线阵接收信号矢量可以表示为

$$\boldsymbol{x}(m) = [x_1(m), \ x_2(m), \cdots, x_N(m)]^{\text{T}} \quad (5\text{-}3)$$

相应地，第 n 通道采样后时域离散数据的短时傅里叶变换可以记为

$$X_n(m_t, m_f) = \text{DSTFT}(x_n(m)) = \sum_m x_n(m) h(m_t - m) e^{-jm\frac{2pm_f}{M}}$$

$$(5\text{-}4)$$

m_t, m_f 分别为采样点和子频带。则对应的天线阵接收信号在第 (m_t, m_f) 点上的时频数据矢量为

$$\boldsymbol{X}_{D\text{-}tf}(m_t, m_f) = [X_1(m_t, m_f), X_2(m_t, m_f), \cdots, X_K(m_t, m_f)]^{\text{T}} \quad (5\text{-}5)$$

针对压制干扰，较为有效的手段仍是利用解扩前期望信号与干扰信号在空、时频域的特征差异进行干扰消除，同时尽可能地保证对信

号损伤最小。因此，为了更好地研究空时频联合抗干扰技术，根据混合干扰信号在空域、时频的分布特点，提出一种混合干扰环境的评价指标——空时频阻塞率。

首先，定义空域单时频点阻塞率

$$P_{\mathrm{TF}_i} = \begin{cases} 1, & N_j \geqslant N_a \text{或} \exists \mathrm{DOA}_j = \mathrm{DOA}_s \\ 0, & \text{其他} \end{cases} \tag{5-6}$$

其中，TF_i 表示第 i 个时频点；i 表示时频点序号；N_j，N_a 分别表示时频点上的干扰源个数和天线阵阵元数；"$\exists \mathrm{DOA}_j = \mathrm{DOA}_s$" 表示存在与期望信号同向的干扰信号。则空时频阻塞率为

$$P_{s_{\mathrm{TF}}} = \frac{\sum\limits_{i=1}^{N_{\mathrm{TF}}} P_{\mathrm{TF}_i}}{N_{\mathrm{TF}}} \tag{5-7}$$

其中，N_{TF} 为时频点总数。特别地，由于信号处理中的 Heisenberg 测不准原理 [169]，无法获得干扰信号真实的时频分布特征；且由不同时频变换方法所得到的信号时频聚集性也有差异，所以实际应用中，选取的时频变换方式及相关参数均可能影响时频阻塞率的值。

5.2 基于时频数据重组的空时频联合抗干扰策略

时频稀疏干扰信号在时频域上的能量集中在少数时频点上，而且多个干扰信号混合共存时，不同时频点上的干扰信号不尽相同，则单个时频点上的干扰个数可能小于干扰信号总数。所以理论上，对单个时频点进行空域滤波可以将空域或空时域处理所面临的欠定宽带抗干扰问题转化为空时频域的适定抗干扰问题。然而由于干扰及噪声的未知特性，一般需要利用大于滤波器自由度 2 倍的采样数据对干扰信号及通道热噪声的特性进行估计，但传统的连续数据累积方法无法利用干扰信号的

时频稀疏特性。虽然文献 [83] 指出可以利用单快拍数据获取干扰信号 DOA，再根据干扰信号 DOA 信息进行抗干扰。然而现有单快拍 DOA 估计方法对阵型或阵元数有特殊要求，并且当 DOA 估计存在误差或者干扰信号能量较小时，该类方法的性能会有所降低。

为了利用干扰信号在空域、时频域的稀疏特性，同时避免由于连续的同源时频数据较少而造成的算法收敛性差的问题，本章提出一种基于时频数据重组的空时频联合抗干扰策略，其原理框图如图 5.2.1 所示。

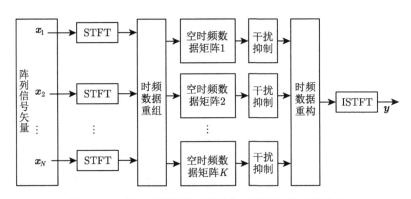

图 5.2.1   基于时频数据重组的空时频联合抗干扰策略

该方法主要包括时频数据重组和干扰抑制两个模块。时频数据重组的重点在于各时频点上的干扰信号检测，其性能的优劣决定了重组后空时频数据矩阵中所包含干扰信号是否为同源信号，进而影响空域滤波器抗干扰效果。另外，干扰抑制滤波器的设计必须考虑某些时频点上的干扰个数大于阵元数，而导致的抗干扰性能下降问题。

5.3   基于公周期时频点重组的空时频抗干扰方法

对于含有周期时频稀疏信号的混合干扰信号，在其时域上相隔公周期整数倍的时频点包含相同的周期时频稀疏干扰。据此，本章在分析多分量信号自相关函数特性的基础上，提出一种基于自相关函数的公周期检测方法，然后将间隔公周期整数倍的时频点作为同类时频点进行组合。该时频点重组方法计算量较低，但是由于只利用了信号周期特性，需要较长时间的数据积累，且对于不具有周期特性的干扰无能为力。另外，由于无法获知每个时频数据矩阵中所包含的干扰个数，如直接采用空域滤波算法进行干扰消除，当某些时频数据矩阵中的干扰个数大于阵元数时，其干扰性能必然下降。对此，提出一种空时频联合最小输出功率准则，通过选取参考时频数据矩阵，平衡各时频数据矩阵滤波后的输出功率，以实现多干扰消除。

5.3.1 周期时频稀疏干扰信号的时频分布特性

以两个周期锯齿波调频信号为例分析多个周期时频稀疏干扰信号的时频特性。图 5.3.1 展示了两个周期锯齿波调频信号时频特性，其中 f_c 和 B 分别表示载波频率和调频带宽；$f_{m_f}, m_f = 1, 2, \cdots, M_f$ 表示子频点；$t_{l,m_t}, m_t = 1, 2, \cdots, M_t$ 表示时域数据点；T_c 表示两个锯齿波调频周期的最小公倍数；l 为正整数，数据点 (t_{l,m_t}, f_{m_f}) 被称为第 l 个 (t_{m_t}, f_{m_f}) 时频点。观察图 5.3.1，可以发现：① 虽然两个干扰的带宽相同，但由于其调频周期、初始频率不同，在大多数时刻，二者的频率不同；② 相隔 lT_c 的时频点具有相同的时频特性，即 (t_{m_t}, f_{m_f}) 时频点上具有相同周期时频稀疏干扰源的信号。所以针对具有周期特性的干扰信号，可以根据其

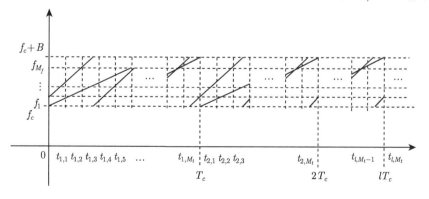

图 5.3.1　两个周期锯齿波调频信号时频特性示意图

周期特性对时频数据进行分块和重组, 其原理如图 5.3.2 所示。首先估计出接收信号中周期分量的公周期, 再将间隔为公周期整数倍的时频点进行重组获得空时频数据矩阵。

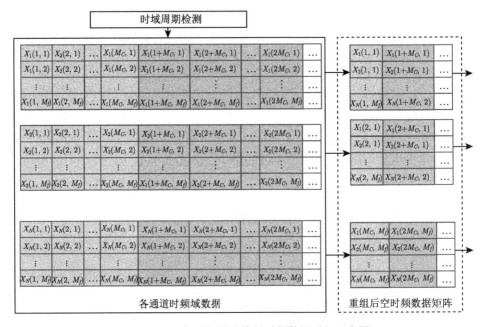

图 5.3.2   周期时频稀疏信号时频数据重组示意图

5.3.2 基于自相关函数的公周期检测方法

针对含有周期分量的接收信号, 可以利用周期分量与非周期分量自相关特性的差异, 通过自相关运算完成周期分量的检测与周期估计 [153,154]。假设接收环境中存在周期调频信号 (信号模型见公式 (4-1)) 和宽带高斯白噪声干扰信号, 根据各成分是否具有周期特性, 某通道的时域接收信号可以表示为

$$x_n(t) = \sum_{k=1}^{K} j_{P_k}(t) + N_G(t) \tag{5-8}$$

其中, j_{P_k} 为第 k 个周期干扰信号; N_G 为接收信号中非周期分量, 其主要成分为带限高斯白噪声。$x(t)$ 的自相关函数为

$$R_x(\tau) = \sum_{k_1=1}^{K} \sum_{k_2=1}^{K} R_{j_{P_{k_1}}, j_{P_{k_2}}}(\tau) + \sum_{k=1}^{K} R_{j_{P_k}, N}(\tau) + R_N(t) \tag{5-9}$$

式中,$R_{j_{P_{k_1}}, j_{P_{k_2}}}$ 为第 k_1 个周期干扰信号和第 k_2 个周期干扰信号的相关函数,$R_{j_{P_k}, N}$ 为第 k 个周期干扰信号和非周期分量的相关函数,R_N 为非周期分量的自相关函数。由于各周期干扰信号、非周期分量之间相互独立,则接收信号的自相关函数可以近似为各分量信号自相关函数的和,则

$$R_x(\tau) = \sum_{k=1}^{K} R_{j_{P_k}}(\tau) + R_N(\tau) = R_{j_P}(\tau) + R_N(\tau) \tag{5-10}$$

对于高斯白噪声信号,$R_N(\tau) \approx 0(\tau > 0)$;而周期信号的自相关函数仍为周期函数,当 $\tau > 0$ 时,$R_x(\tau) \approx R_{j_P}(\tau)$ 成立,则

$$
\begin{aligned}
|R_{j_P}(\tau)| &= \left| \sum_{k=1}^{K} R_{j_{P_k}}(\tau) \right| \\
&= \left| \sum_{k=1}^{K} \frac{A_k^2}{2} \mathrm{e}^{-\mathrm{j}2\pi f_k \tau} \lim_{T \to \infty} \frac{1}{T} \int_{-T}^{T} \mathrm{e}^{-\mathrm{j}2\pi [f_{M_k}(t) - f_{M_k}(t-\tau)]} \mathrm{d}t \right| \\
&\leqslant \sum_{k=1}^{K} \frac{A_k^2}{2}
\end{aligned}
\tag{5-11}
$$

当且仅当 $f_{M_1}(t) - f_{M_k}(t-\tau) = 0$ 且 $(f_{k_1} - f_{k_2})\tau = \alpha$ 时等号成立,其中 $k_1, k_2 = 1, 2, \cdots, K, \alpha$ 为整数。由于 $f_{M_k}(t)$ 是以 T_k 为周期的过 0 点函数。则 $|R_{j_P}(\tau)|$ 有最大值,即 $|R_{j_P}(\tau)|$ 以 T_c 为周期出现峰值。T_c 就是多分量调频信号的一个公周期

$$\{T_c \mid T_c = [\![T_1, T_2, \cdots, T_K]\!] \& (f_{k_1} - f_{k_2}) T_c = \alpha\} \tag{5-12}$$

其中,$= [\![\cdot]\!]$ 表示求一列数的公倍数。

在实际应用中，利用有限长度接收信号的采样数据进行无偏自相关函数的估计

$$\left| \hat{R}_x (m_t) \right| = \left| \frac{1}{M_R - m_t} \sum_{m=m_t+1}^{M_R} x_n(m) x_n^* (m - m_t) \right| \tag{5-13}$$

由于无法获得无限长时间的信号，当 $m_\tau \neq 0$ 时，随机信号的自相关函数不可能为 0，所以 $\left| \hat{R}_x (m_\tau) \right|$ 的以 T_c 为周期的极大值有可能不严格相等，且 $\left| \hat{R}_x(0) \right|$ 为随机噪声自相关值与各分量相关值的和。为了估计周期调频信号的公周期，对自相关估计序列剔除 0 点附近位置的极大值，然后进行归一化

$$\tilde{R}_x (m_x) = \begin{cases} 0, & 0 \leqslant m_\tau \leqslant m_0 \\ \dfrac{\left| \hat{R}_x (m_t) \right|}{\max \left(\left| \hat{R}_x (m_t) \right| \right)}, & 其他 \end{cases} \tag{5-14}$$

式中，m_0 为调频周期搜索范围的最小值。则由距 0 时刻最近的大于门限值 $\rho(0.5 < \rho < 1)$ 的极值位置 M_c 可得公周期的估计值，即 $\hat{T}_c = M_c T_s$，式中 T_s 为采样周期。

5.3.3　构建空时频数据矩阵

按照估计的公共周期 $\hat{T}_c$，对时频数据点进行重组，时频点 (m_t, m_f)，$m_t < M_c$ 对应的空时频数据矩阵为

$$\boldsymbol{X}_{(m_t,m_f)} = \left[\boldsymbol{X}_{1(m_t,m_f)}, \ \boldsymbol{X}_{2(m_t,m_f)}, \ \cdots, \ \boldsymbol{X}_{N(m_t,m_f)} \right]^{\mathrm{T}} \tag{5-15}$$

其中，

$$\boldsymbol{X}_{n(m_t,m_f)}$$
$$= \left[X_n(m_t, m_f), \ X_n(m_t + M_c, m_f), \ \cdots, \ X_n(m_t + LM_c, m_f) \right]^{\mathrm{T}} \tag{5-16}$$

式中，$L = \lfloor M/M_c \rfloor$，为每个空时频数据矩阵的数据长度。

5.3.4 空时频联合最小输出功率准则

对每个空时频数据矩阵，可以采用基于 MPDR 准则的空域滤波进行处理，

$$\begin{cases} \min \boldsymbol{w}_{(m_t,m_f)}^{\mathrm{H}} \boldsymbol{R}_{(m_t,m_f)} \boldsymbol{w}_{(m_t,m_f)} \\ \mathrm{s.t.} \boldsymbol{w}_{(m_t,m_f)}^{\mathrm{H}} \boldsymbol{a} = 1 \end{cases} \tag{5-17}$$

其中，$\boldsymbol{w}_{(m_t,m_f)}$ 为第 (m_t,m_f) 个时频数点对应的空域权矢量，$\boldsymbol{R}_{(m_t,m_f)}$ 为根据最大似然准则估计获得的协方差矩阵

$$\boldsymbol{R}_{(m_t,m_f)} = \frac{1}{L} \boldsymbol{X}_{(m_t,m_f)} \boldsymbol{X}_{(m_t,m_f)}^{\mathrm{H}} \tag{5-18}$$

最优权值为

$$\boldsymbol{w}_{(m_t,m_f)} = \frac{\boldsymbol{R}_{(m_t,m_f)}^{-1} \boldsymbol{a}}{\boldsymbol{a}^{\mathrm{H}} \boldsymbol{R}_{(m_t,m_f)} \boldsymbol{a}} = \mu \boldsymbol{R}_{(m_t,m_f)}^{-1} \boldsymbol{a} \tag{5-19}$$

式中，μ 为实数。此时，空域滤波器权值是由单一类型的时频数据得到的，而 μ 为控制所有权矢量幅值的实数[155]。由于空域滤波器只能处理小于阵元数的干扰，所以当某些时频点上的干扰个数大于阵元数时，干扰不能被完全消除；此.时含有该类时频点的空时频数据矩阵空域滤波后的输出功率大于其他空时频数据阵。则为了防止某些时频点上的干扰个数大于阵元数，而导致的抗干扰性能下降，可以将功率较大的时频点消隐掉。但是该方法需要对时频数据重新检测，计算量较大。对于干扰个数小于阵元数的时频点所组成的空时频数据矩阵，经过空域滤波器抑制干扰后的输出功率相当，则可以通过选取其中的一个输出功率作为参考，控制所有空时频数据矩阵的抗干扰输出功率。据此，提出一种空时频联合最小输出功率准则

$$\boldsymbol{w}_{(m_t,m_f)\mathrm{opt}} = \frac{\boldsymbol{R}_{(m_t,m_f)}^{-1}\boldsymbol{a}}{C + \boldsymbol{a}^{\mathrm{H}}\boldsymbol{R}_{(m_t,m_f)}^{-1}\boldsymbol{a}} \tag{5-20}$$

其中，C 定义为 $C = \arg\min\limits_{(m_t,m_f)} \boldsymbol{a}^{\mathrm{H}}\boldsymbol{R}_{(m_t,m_f)}\boldsymbol{a}$。

空域滤波后的时频数据为

$$\boldsymbol{Y}(m_t + (l-1)M, m_f) = \boldsymbol{w}_{(m_t,m_f)\mathrm{opt}}^{\mathrm{H}}\boldsymbol{X}_{(m_t,m_f)}(:,l) \tag{5-21}$$

其中，$\boldsymbol{X}_{(m_t,m_f)}(:,l)$ 表示取 $\boldsymbol{X}_{(m_t,m_f)}$ 的第 l 列数据。最终，对干扰抑制后的时频数据进行短时傅里叶逆变换，得到时域输出数据。

5.4   基于同源时频点检测与重组的空时频联合抗干扰方法

对于时频随机性强，不具有周期特性的干扰信号，考虑到不同干扰源具有不同的空间位置，将干扰信号入射角度相同的时频点视为 "同源时频点"。因此，可以通过对每个时频点上的干扰信号进行 DOA 估计以检测时频同源点。为了克服现有单快拍 DOA 估计方法需要特定的阵列结构或者所需阵元数较多的缺点，本章研究了一种基于子空间追踪的单时频点 DOA 检测方法。首先，利用欠定 DOA 估计算法 [163] 估计出所有干扰信号的 DOA；然后，根据干扰信号 DOA 信息建立子空间，利用子空间追踪方法检测时频点上干扰信号的 DOA，将具有相同入射角度干扰信号的时频点当作同源时频点进行重组。对于干扰个数小于阵元数的时频数据矩阵，直接采用空域滤波算法消除干扰信号；对于其他时频数据矩阵，则根据参考值调整其空域滤波后的输出功率。

5.4.1   基于子空间匹配的同源时频点检测方法

基于公周期时频点重组的空时频抗干扰方法，只能处理具有周期特性的时频稀疏干扰信号。然而，随着时频分析理论及电子科学技术的发展，一些非周期时频稀疏信号逐渐进入人们的视野，并引起了导航战研究者的兴趣。这类干扰信号的时频特性不具有周期性，因此无法通过简单时域划分完成空时频数据矩阵的构建。注意到，不同信号源相对于接收机的空间分布位置不同，本节提出一种基于同源时频点检测的时频数据重组方法，示意图如图 5.4.1 所示，该方法通过检测各时频点上的干扰信号 DOA 信息，实现将具有相同干扰源信号的时频点组合成空时频数据矩阵的目的。

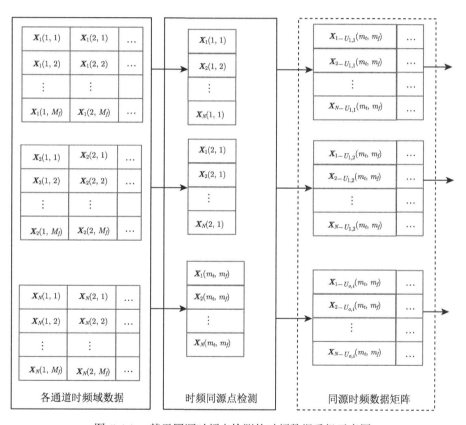

图 5.4.1　基于同源时频点检测的时频数据重组示意图

由于干扰信号在时频域可能具有强随机的稀疏特性，无法利用多个连续时频点的联合信息估计各时频点上干扰信号的 DOA。虽然单快拍或者少快拍 DOA 估计技术 [156-158] 是阵列信号处理中的研究热点，并取得很多研究成果，然而现有成果对阵型、阵元数有特殊要求，而且计算量较大。为了在阵元数较少的条件下，完成单时频点上的信号 DOA 检测，本节在贪婪追踪算法类的 DOA 估计方法的思想上，提出了基于子空间匹配的单时频点干扰信号 DOA 检测方法。克服了传统贪婪追踪算法在阵元数较少时，信号导向矢量正交性较差而导致的 DOA 估计错误。

1. 基于贪婪追踪的 DOA 估计模型

基于贪婪追踪的 DOA 估计方法是一种基于稀疏表示与压缩感知理论的 DOA 估计技术。该类方法的核心内容为首先将信号入射角度的参数空间进行离散化，构建过完备导向矢量字典，再通过贪婪算法求解空域上具有稀疏特性的信号模型 [159,160]。

令 $\boldsymbol{\Phi}$ 为测量矩阵，则阵列接收到的信号可变换为

$$\boldsymbol{y} = \boldsymbol{\Phi}\boldsymbol{x} = \boldsymbol{\Theta}\boldsymbol{S} + \boldsymbol{\eta}' \tag{5-22}$$

式中，$\boldsymbol{\Theta}$ 为含有导向矢量信息的优化矩阵，$\boldsymbol{\eta}'$ 为稀疏求解后的残差信号。

基于正交匹配追踪 (Orthogonal Matching Pursuit，OMP) 的稀疏求解方法 [161] 具有估计精度高与计算复杂度低的特点，已被引入到 DOA 估计领域 [162]。利用 OMP 算法求解 $\boldsymbol{\Theta}$ 的流程如下。

步骤 1：初始化残差 $\boldsymbol{r}_0 = \boldsymbol{y}$ 与索引集 $C_0 = \varnothing$，迭代次数 $i = 1$；

步骤 2：将残差信号 $\boldsymbol{r}_{i-1}$ 与测量矩阵 $\boldsymbol{\Phi}$ 中的原子 $\boldsymbol{g}_q$ 做内积，找出最大值所对应的原子，记录其序号

$$o_i = \arg\max_q |\langle \boldsymbol{r}_{i-1}, \boldsymbol{g}_q \rangle|, \quad q \in [1, 2, \cdots, Q] \tag{5-23}$$

步骤 3：更新索引集和优化矩阵

$$\begin{cases} C_i = C_{i-1} \cup o_i \\ \boldsymbol{\Theta}_i = \boldsymbol{\Theta}_{i-1} \cup \boldsymbol{g}_{o_i} \end{cases} \tag{5-24}$$

步骤 4：通过最小二乘算法逼近信号 $\boldsymbol{x}_i$，并更新信号残差

$$\begin{cases} \boldsymbol{x}_i = \arg\min \|\boldsymbol{y} - \boldsymbol{\Theta}_i \boldsymbol{x}\|_2 \\ \boldsymbol{r}_t = \boldsymbol{y} - \boldsymbol{\Theta}_i \boldsymbol{x}_i \end{cases} \tag{5-25}$$

步骤 5：如果残差满足设定的要求或者迭代次数达到设定值，停止迭代，输出求解结果；否则 $i = i + 1$；并返回步骤 2。

最终得到的索引集中元素个数为空间中信号个数，$\boldsymbol{\Theta}$ 中的原子为对应信号的方位信息。

现有基于贪婪追踪算法的 DOA 估计技术能够在阵元数较多时，利用单快拍数据实现 DOA 估计，但是当阵元数较少时，不同信号的导向矢量严重耦合，导致该类 DOA 估计算法失效。如图 5.4.2 所示，当利用 3 元阵，估计两个信号的 DOA 时，由于两个信号的导向矢量正交性较弱，因此，观测矩阵中与信号内积取得最大值的原子可能不是信号导向矢量，而是两个信号导向矢量所组成的子空间夹角最小的方向矢量 $\boldsymbol{g}_1$ 上。因此按匹配能量最大的原则选择的最优原子与信号导向矢量不一致。此时，如果通过贪婪算法对各信号 DOA 信息进行逐一求解，可能会引起 DOA 估计错误。

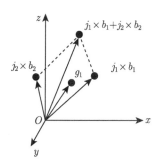

图 5.4.2 多信源情况下最优原子示意图 (3 元阵，两个信号)

2. 基于子空间追踪的单时频点 DOA 检测方法

信号导向矢量的非正交特性，导致在阵元数少且信号较多的情况下，现有贪婪追踪算法无法估计出正确的信号 DOA 信息。如果将所有信号的导向矢量作为一个向量子空间，称之为最优子空间。由信号子空间理论可知，将阵列接收信号向最优子空间投影，残差信号中将不包含信号分量，且相对于向包含最优子空间的其余子空间投影后的残差能量变化不大。

另外，对于阵列信号处理有如下命题成立。

命题：阵列天线任意一个角度的导向矢量无法由少于阵元个数的其他方向的导向矢量线性表示。

证明：假设天线阵的阵元数为 N，任意取 $M\,(M\leqslant N)$ 个不同指向的导向矢量组成矩阵

$$\boldsymbol{A} = \left[\begin{array}{cccc} \boldsymbol{a}_1 & \boldsymbol{a}_2 & \cdots & \boldsymbol{a}_M \end{array}\right]^{\mathrm{T}} \tag{5-26}$$

令第一个阵元为参考阵元，位于坐标原点，则指向任意角度的导向矢量可以改写为

$$\boldsymbol{a}_m = \left[\begin{array}{cccc} 1 & \mathrm{e}^{-\mathrm{j}\omega_{m,1}} & \mathrm{e}^{-\mathrm{j}\omega_{m,2}} & \cdots & \mathrm{e}^{-\mathrm{j}\omega_{m,N-1}} \end{array}\right]^{\mathrm{T}} \tag{5-27}$$

式中，$\omega_{m,n} = 2\pi\boldsymbol{\psi}_m^{\mathrm{T}}\boldsymbol{z}_{n-1}$；其中 $\boldsymbol{\psi}_m$ 为含有第 m 个导向矢量方向信息的单位矢量，$\boldsymbol{z}_{n-1}$ 为表示阵元位置的矢量。

令 $\boldsymbol{C} = \boldsymbol{A}\boldsymbol{A}^{\mathrm{H}}$，则 $\boldsymbol{C}$ 为埃尔米特矩阵，$\boldsymbol{C}$ 的二次型为

$$F(\boldsymbol{\gamma}) = \boldsymbol{\gamma}^{\mathrm{H}}\boldsymbol{C}\boldsymbol{\gamma} \tag{5-28}$$

其中，$\boldsymbol{\gamma} = \left[\gamma_1\mathrm{e}^{\mathrm{j}\vartheta_1} \quad \gamma_2\mathrm{e}^{\mathrm{j}\vartheta_2} \quad \cdots \quad \gamma_M\mathrm{e}^{\mathrm{j}\vartheta_M}\right]$，则

$$\begin{aligned}
F(\boldsymbol{\gamma}) = {} & N\left(\gamma_1^2 + \gamma_2^2 + \gamma_3^2 + \cdots + \gamma_M^2\right) \\
& + \gamma_1\gamma_2\mathrm{real}\left(\mathrm{e}^{\mathrm{j}(\vartheta_1-\vartheta_2)}\right) + \gamma_1\gamma_3\mathrm{real}\left(\mathrm{e}^{\mathrm{j}(\vartheta_1-\vartheta_3)}\right) + \cdots \\
& + \gamma_i\gamma_j\mathrm{real}\left(\mathrm{e}^{\mathrm{j}(\vartheta_i-\vartheta_j)}\right) + \cdots
\end{aligned} \tag{5-29}$$

$$> 0$$

故矩阵 C 为正定阵，其秩为 M，则矩阵 A 的秩为 M，即矩阵中的各行向量线性无关。

证明完毕。

所以当信源数小于阵元数时，由不同信号导向矢量组成的子空间也不相同，即最优子空间具有唯一性。

据此，本章提出了一种基于子空间追踪的单时频点干扰信号 DOA 检测方法。一般地，基于贪婪追踪的 DOA 估计方法需要构建原子字典，为了降低每次搜索的计算复杂度，原子字典中的原子越少越好。所以我们可以先估计所有干扰信号的 DOA，然后根据得到的干扰信号方位信息，构建追踪子空间。为了适应干扰信号的个数可能大于阵元数的环境，我们可以采用文献 [163] 所述的方法完成干扰信号 DOA 估计，该方法能够利用接收信号的高阶统计信息，在欠定情况下完成干扰信号的 DOA 估计。

所提出的基于子空间追踪的单时频点干扰信号 DOA 检测方法具体表述如下。首先利用估计得到的干扰信号 DOA，构建 DOA 信息集 $\psi = \{\psi_1, \psi_2, \cdots\}$，其中 $\psi_1 = (\theta_1, \varphi_1)$。利用 ψ 的元素数小于阵元数的非空子集构建检测子空间，例如，第 i 个具有 Q 个元素的子集所构成的检测子空间可以记作

$$U_{Q,i} = \begin{bmatrix} b_1 & b_2 & \cdots & b_q & \cdots \end{bmatrix} \tag{5-30}$$

其中，

$$b_q = \begin{bmatrix} \mathrm{e}^{-\frac{\mathrm{j}2\pi\psi_{Q,i,q}^{\mathrm{T}}z_1}{\lambda}}, \mathrm{e}^{-\frac{\mathrm{j}2\pi\psi_{Q,i,q}^{\mathrm{T}}z_2}{\lambda}}, \cdots, \mathrm{e}^{-\frac{\mathrm{j}2\pi\psi_{Q,i,q}^{\mathrm{T}}z_N}{\lambda}} \end{bmatrix}^{\mathrm{T}} \tag{5-31}$$

其中，$\psi_{Q,i,q}$ 为具有 Q 个元素的第 i 个子集中第 q 个元素 $(\theta_q \varphi_q)$ 所对应的矢量，其定义为

$$\psi_{Q,i,q} = \begin{bmatrix} \sin\theta_q \cos\varphi_q & \sin\theta_q \sin\varphi_q \end{bmatrix} \tag{5-32}$$

将具有 Q 列向量的子空间定义为 Q 阶子空间；并将具有相同列数的子空间定义为同阶子空间。

然后通过迭代的方法求解每个时频点所对应的最优子空间，例如检测第 (m_t, m_f) 个时频点上干扰信号 DOA 的流程如下。

步骤 1：初始化残差 $r_0 = X_{D\text{-}tf}(m_t, m_f)$，迭代次数 $i = 1$，子空间阶数 $Q = 1$。

步骤 2：将时频点数据分别向第 Q 阶各待检测子空间投影，并计算残差

$$\begin{cases} r_0' = \left(U_{Q,i}^{\mathrm{H}} U_{Q,i}\right)^{-1} U_{Q,i}^{\mathrm{H}} r_0 \\ r_i = r_0 - U_{Q,i} r_0' \end{cases} \tag{5-33}$$

步骤 3：比较同阶子空间投影后残差信号能量的大小，将能量较小的残差信号所对应的子空间作为第 Q 阶最优子空间，记录其索引号：

$$o_i := \underset{i}{\arg\min} |\langle r_i, r_i \rangle| \tag{5-34}$$

其对应的残差信号为 $r_d = r_{o_i}$。

步骤 4：比较原信号向第 Q 阶最优子空间与第 $Q-1$ 阶最优子空间投影后的残差，如果满足终止条件，或者 $Q \geqslant N$，停止迭代，输出该时频点对应的最优子空间；否则 $Q = Q+1$，$i = i+1$ 返回第 2 步。终止条件为

$$\frac{r_{d-1} - r_d}{\rho} < 1 \tag{5-35}$$

式中，$r_d = \langle r_d, r_d \rangle$，$\rho$ 为根据接收机通道热噪声功率设定的参考值。

算法迭代完成输出的最优子空间所对应的 DOA 子集为该时频点上干扰信号的 DOA。

5.4.2 空时频数据矩阵构建及干扰抑制

将具有相同 DOA 信息的时频点进行组合以获取同源时频数据矩阵

$$\boldsymbol{X}_{\mathrm{STF}} = \left[\boldsymbol{X}_{D\text{-}tf_{\mathrm{DOA}\in\psi_{Q,i}}} \quad \boldsymbol{X}_{D\text{-}tf_{\mathrm{DOA}\in\psi_{Q,i}}} \quad \cdots \right]^{\mathrm{T}} \tag{5-36}$$

其中, STF 代表空时频;$\boldsymbol{X}_{D\text{-}tf_{\mathrm{DOA}\in\psi_{Q,i}}}$ 表示空时频数据矢量 $\boldsymbol{X}_{D\text{-}tf}$ 上有 Q 个干扰信号, 且它们的 DOA 集合为 $\psi_{Q,i}$。

对于 $Q < N$ 的时频数据矩阵, 利用基于 MPDR 的空域滤波器进行干扰消除, 对于干扰个数不小于阵元数的时频点, 为了尽量保留该类时频点上的期望信号信息, 采用 5.3.4 节所述的空时频联合最小输出功率准则进行干扰抑制。

5.5 仿真实验与结果分析

本节通过仿真实验验证本章所研究的算法的有效性, 图 5.5.1 展示了本章的主要研究内容、目的与各个仿真实验的对应关系。仿真实验中选用如图 5.5.2 所示的四元圆阵, 边缘阵元相隔 120° 且与中心阵元的距离为期望信号波长的二分之一。各通道中频模拟信号频率为 1.25MHz, 采样频率为 5MHz。假设接收环境中只存在一个期望 GNSS 信号, 其入射

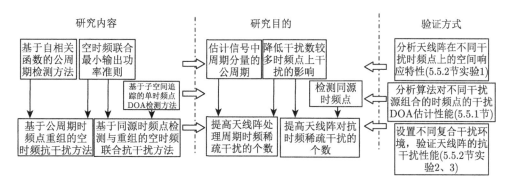

图 5.5.1 仿真思路与章节主要研究内容对应关系

方位角为 80°，俯仰角为 5°，SNR$=-20$dB。表 5.5.1 列出了所涉及的干扰信号相关参数。

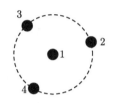

图 5.5.2　四元圆阵示意图

表 5.5.1　干扰信号参数

名称	类型	带宽/MHz	中心频率/MHz	入射角/(°)	INR/dB
1	周期锯齿波调频信号	2	1.25	(110, 30)	55
2	正弦调频信号	2.2	1.24	(0,20)	55
3	周期时域稀疏信号	2	1.25	(57,41)	55
4	周期时频稀疏信号	2.3	1.2	(105,0)	55
5	非周期时频稀疏信号	1.9	1.26	(177, 70)	55
6	非周期时频稀疏信号	2	1.25	(320,55)	60
7	频域窄带信号	0.1	1.65	(230,48)	60
8	非周期时频稀疏信号	2	1.25	(30,50)	55
9	宽带高斯干扰	2.3	1.2	(290,60)	55

5.5.1　基于子空间追踪的单时频点 DOA 检测方法性能仿真

本节将所提基于子空间追踪的单时频点 DOA 检测方法与基于 OMP 算法的 DOA 估计方法[162]进行对比，验证所研究算法的有效性。利用表 5.5.1 中的干扰信号 1、2、3 和 4 组成混合干扰环境。首先采用文献 [163] 所述方法得到所有干扰信号的 DOA 估计信息，然后利用所提出的基于子空间追踪的单时频点 DOA 检测方法检测各个时频点上干扰信号的 DOA。如果能够正确检测出时频点上干扰个数和干扰的 DOA 估计信息，则认为检测正确，DOA 信息检测正确的时频点数与各条件下测试的时频点数之比为检测正确率。选取接收信号中含有不同干扰信号的时频点作为待检测时频点,各种干扰组合的时频点选取 500 个,表 5.5.2 列出了两种算法对时频点上干扰信号 DOA 检测的结果。

表 5.5.2　DOA 检测的正确率

名称	基于 OMP 的 DOA 检测方法	基于子空间追踪的单时频点 DOA 检测方法
干扰 1	100%	100%
干扰 2	100%	100%
干扰 3	100%	100%
干扰 4	100%	100%
干扰 1 和 2	84%	100%
干扰 1 和 3	65%	96%
干扰 1 和 4	97%	100%
干扰 2 和 3	100%	98%
干扰 2 和 4	77%	100%
干扰 3 和 4	100%	100%
干扰 1、2 和 3	96%	100%
干扰 1、2 和 4	99%	100%
干扰 2、3 和 4	100%	99%

表 5.5.2 中数据显示,对于只含有一个干扰信号的时频点,两种算法均能有效地检测出其干扰信号的 DOA。然而,对于含有多个干扰信号的时频点,二者均出现估计不准确的情况。其原因为对于基于 OMP 的 DOA 检测方法,由于各信号导向矢量不完全正交,其混合后的数据矢量在其他信号导向矢量上的投影值更大,造成 DOA 估计错误;对于基于子空间追踪的单时频点 DOA 检测方法,则是因为某些干扰信号在所选时频上能量较小,导致漏掉了该干扰信号的 DOA。前者的 DOA 估计不准确,会引起时频数据分组混乱,进而可能导致同一个空时频数据

矩阵中的干扰个数大于阵元数，致使抗干扰方法失效；后者虽然也会导致将含干扰信号较多的时频点被分到含干扰个数较少的空时频数据矩阵中，但是由于被漏掉的干扰信号能量较小，基本不影响抗干扰算法的性能。

5.5.2 空时频联合抗干扰方法性能仿真

实验 1：空时频联合最小输出功率准则下不同时频数据矩阵的空间响应分析。

为了验证空时频联合最小输出功率准则在干扰个数较多时的性能，选取表 5.5.1 中干扰 1、2、3 和 7 构成混合干扰环境。

图 5.5.3 为天线阵接收通道 1 接收信号的时频图，可以看出：① 相对于接收机热噪声，干扰信号能量较大；② 干扰信号具有时频稀疏性，它们的分布特征不同，但是在某些时频点上有交叠。由于干扰信号 1、2和 3 均具有周期性，则可以采用 5.3.2 节和 5.3.3 节所述方法将时频数

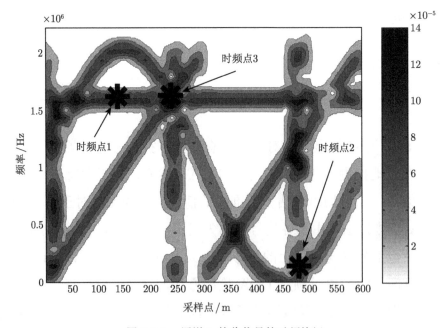

图 5.5.3   通道 1 接收信号的时频特征

据进行重组，获取时频数据矩阵。然后，选取图 5.5.3 中的时频点 1、时频点 2 和时频点 3 所代表的时频数据矩阵的空间响应说明空时频联合最小输出功率准则的有效性，其中归一化阵列增益定义为各时频点的空间增益与所有时频点空间增益的最大值之比。

图 5.5.4 为时频点 1 所对应的天线阵空间响应图，在 (230°，48°) 方位有零陷，其他方位零陷不明显，这是因为时频点只有干扰 7 存在，其入射方向为 (230°，48°)。

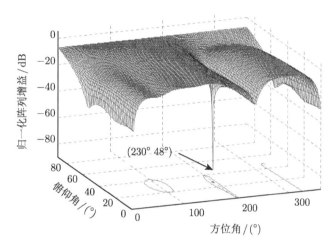

图 5.5.4 时频点 1 所对应的天线阵空间响应图

图 5.5.5 为时频点 2 所对应的天线阵空间响应图，在 (0°，20°) 和 (57°，41°) 方位有很深的零陷，这是因为该时频点只有干扰 2 和干扰 3 存在，所以二者入射方向的信号接收能力被削弱。

时频点 3 上有 4 个干扰信号相互交叠，总干扰数大于天线阵空域自由度，所以图 5.5.6 中在干扰入射方向不能形成较深零陷。对比 3 个时频点上天线阵增益，可以发现图 5.5.4 和图 5.5.5 的天线阵增益较大，最高点约为 0dB，而图 5.5.6 中的天线阵增益很低，最大不足 −100dB，这是因为天线阵空域自由不足以消除所有干扰，该时频点的总输出功率被削弱。

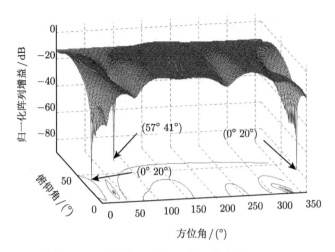

图 5.5.5　时频点 2 所对应的天线阵空间响应图

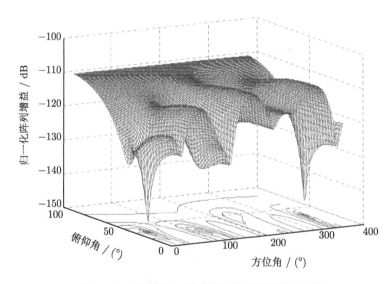

图 5.5.6　时频点 3 所对应的天线阵空间响应图

实验 2：不同干扰环境下空时频联合抗干扰方法的性能仿真。

将本章所研究两种方法与文献 [101] 所提方法、第 4 章所提出抗干扰方法的抗干扰效果进行对比。为了叙述的简洁性，将基于公周期时频点重组的空时频抗干扰方法和基于同源时频点检测与重组的抗干扰方法分别命名为本章算法 1 和本章算法 2，文献 [101] 所提的 DSTAP 方法和第 4 章所提出的基于时域数据重组的空时抗干扰方法命名为对比算法 1 和对比算法 2。对于空时频联合抗干扰方法，STFT 的窗函数为长度为 65，子频带数为 32。对比算法 2 中连续数据点长度 $p = 4$，空时处理结构中各通道时域抽头延迟数为 5；对比算法 1 中，每个通道时域延迟抽头数为 9。

为了充分验证各算法在不同混合干扰环境下的有效性，共设计三种干扰场景，分别为场景 1，选取干扰 1、2、5 和 8，该环境中宽带干扰个数大于阵元数，空时频阻塞率约为 5%，其中有 2 个宽带周期调频干扰信号；场景 2，选取干扰 3、4、5、6 和 9，即由 2 个周期时频稀疏干扰信号，2 个非周期时频稀疏信号和 1 个宽带高斯干扰组成混合干扰环境，空时频阻塞率约为 5%；场景 3，选取干扰 3~9，其中无周期特性的时频稀疏干扰信号个数为 5，空时频阻塞率为 8%。

以场景 1 为例，将论文所研究的三种基于天线阵的抗干扰算法的计算量进行对比，以便更加全面地分析三者的性能。由于在相对较长时间内，接收信号中周期分量的周期是稳定的，所以基于时域数据重组的空时抗干扰算法和基于公周期时频点重组的空时频抗干扰方法的计算资源主要花费在滤波器权值的计算上，而基于同源时频点检测与重组的空时频抗干扰方法需要对每个时频点上的干扰信号 DOA 进行检测。无论是滤波器权值计算还是时频点 DOA 检测，其计算量主要集中在矩阵运算上，因此以相同数据长度所进行的矩阵计算维数以及次数作为评价算法计算量的标准。

表 5.5.3 列出了本文所研究的算法在场景 1 下的计算量，可以发现对比算法 2 计算量最小，本章算法 1 次之，但是由于二者都需要对周期数据进行重组，所以要求有足够时长的采样数据才能完成抗干扰处理。本章算法 2 虽然计算量最大，但是不需要太大的数据长度，适用于采样数据较少的场景。

表 5.5.3　　算法计算量分析

名称	所需最小数据长度	实验数据长度	矩阵维数	矩阵计算次数
对比算法 2	$T_c \times 12$		20	875
本章算法 1	$T_c \times 12$	36000	4	56000
本章算法 2	256		4	>112000

注：T_c 为公周期数据长度。

对抗干扰处理后的信号利用相干积分技术[165] 对 GNSS 信号进行捕获，相干积分时间为 2ms，以 GNSS 信号捕获结果衡量抗干扰算法的性能。图 5.5.7～ 图 5.5.9 为捕获相关峰。可以看到，虽然三个场景中混合干扰信号的时频阻塞率相同，但是由于所选取的数据重组方式不同，其抗干扰能力也有所差异。

三种混合干扰环境下，宽带干扰信号个数都大于阵元数，所以经过空时处理器后的 GNSS 捕获结果图 5.5.7(a)、图 5.5.8(a) 和图 5.5.9(a) 中没有明显的相关峰，捕获失败，这说明 DSTAP 算法在宽带干扰个数大于阵元数的场景下失效。图 5.5.7(b)～(d) 中具有明显的相关峰，说明三者所对应的抗干扰算法均能有效应对 WBPFM 干扰信号个数较多的混合干扰场景。而图 5.5.8(b) 说明基于时域数据重组的空时抗干扰方法失效，这是因为虽然周期脉冲干扰具有周期特性，但是其时域重组后的信号无明显的窄带特征，该算法退化为单纯的空时滤波器；而本章所研究的两种方法能够在时频对数据进行重组，故其能够利用周期脉冲干扰信号时频稀疏性提高对抗该类干扰信号的性能。图 5.5.9(b) 和 (c) 说明在时频稀疏干扰信号不具有周期特性时，利用干扰信号周特性进行数据重组的抗干扰算法均失效。基于同源时频点检测与重组的抗干扰方法可以直接检测出每个时频点上的干扰信号成分，所以只要干扰信号具有时频稀疏特性，均可以通过该方法进行数据重组以充分利用混合干扰信号的空时频稀疏特性，图 5.5.9(d) 也表明在经过该算法处理后的信号中能够成功捕获 GNSS 信号。

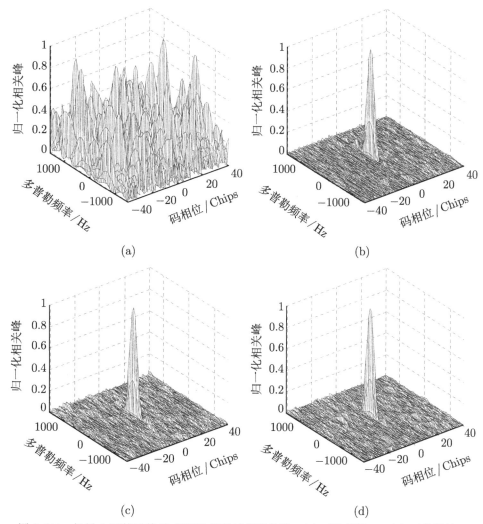

图 5.5.7　场景 1 下抗干扰后 GNSS 信号捕获相关峰：(a) 对比算法 1；(b) 对比算法 2；
(c) 本章算法 1；(d) 本章算法 2

实验 3：不同空时频阻塞率对基于同源时频点检测与重组的空时频联合抗干扰方法性能的影响。

由于本书所研究的三种基于天线阵的抗干扰方法，尤其是基于同源时频点检测与重组的空时频联合抗干扰方法，充分考虑了干扰信号在空

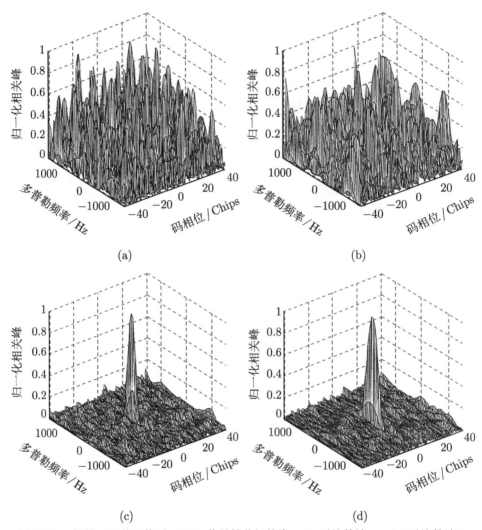

图 5.5.8   场景 2 下抗干扰后 GNSS 信号捕获相关峰：(a) 对比算法 1；(b) 对比算法 2；
(c) 本章算法 1；(d) 本章算法 2

时频的稀疏特性，因此采用可对抗干扰个数为依据分析基于天线阵抗干扰方法性能的作法[8]，不能较好地评估本文算法在混合干扰环境下的性能。鉴于第 2 章所提出的描述混合干扰环境的评价准则——空时频阻塞率，能够较全面地描述混合干扰信号在空时频域的稀疏特性，通过调整表 5.5.1 中干扰信号参数获得不同时的空时阻塞率的干扰组合，用以验证基于同源时频点检测与重组的抗干扰方法的性能。仍然用抗干扰后 GNSS 信号捕获结果作为衡量依据，数据长度为 2ms。表 5.5.4 为通过 100 次蒙特卡罗实验获得的捕获因子随空时频阻塞率和干扰个数变化的统计特性。

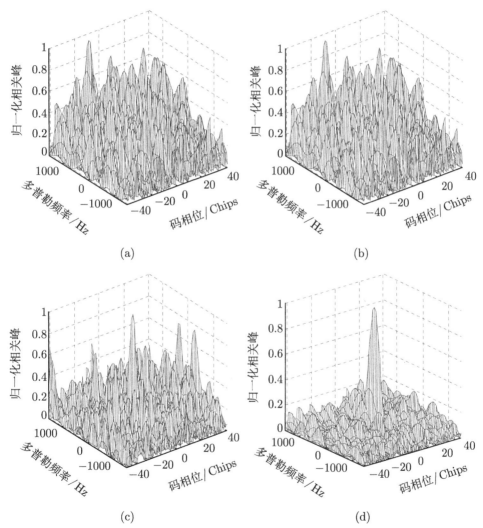

图 5.5.9　场景 3 下抗干扰后 GNSS 信号捕获相关峰：(a) 对比算法 1；(b) 对比算法 2；
(c) 本章算法 1；(d) 本章算法 2

表 5.5.4   不同空时频阻塞率下的捕获因子均值

空时频阻塞率	0	10%	15%	20%	20%	25%
干扰个数	3	6	5	4	7	7
捕获因子均值	14.1	10.4	7.3	3.8	3.7	1.7

表 5.5.4 所列出的捕获因子均值随空时频阻塞率的增大而减小，而干扰个数的增减对其影响不大。这是因为基于同源时频点检测与重组的空时频联合抗干扰方法能够在空时频联合域处理所面对的混合干扰信号。只有在空时频三个维度均无法区分干扰与期望信号的情况下，抗干扰算法性能才会降低。而由于干扰信号到达卫星导航接收机的时间不尽相同，即使相同的干扰信号类型，所组成混合干扰的空时阻塞率也不相同。所以空时频阻塞率相对于简单的统计干扰信号个数与干噪比，更加适用于评价本文所研究的基于天线阵抗干扰方法的性能。

5.6   本 章 小 结

本章提出空时频联合抗干扰策略，研究了两种空时频联合抗干扰方法——基于公周期时频点重组的空时频抗干扰方法和基于同源时频点检测与重组的空时频抗干扰方法。

基于公周期时频点重组的空时频抗干扰方法，利用周期时频稀疏干扰信号在时频域的周期分布的特点，将间隔为公周期整数倍的时频点进行重组以获得干扰个数较少的空时频数据矩阵，然后采用空时频联合最小输出功率准则完成干扰抑制处理。仿真结果表明该方法可以有效地提高天线阵处理周期时频稀疏干扰的个数 (4 阵元可有效对抗 5 个宽带干扰 (含有 3 个周期时频稀疏干扰))。

基于同源时频点检测与重组的空时频抗干扰方法，首先采用基于子空间追踪的单时频点 DOA 检测方法检测各时频点上干扰信号的 DOA，然后利用同源时频点构建空时频数据矩阵以累积足够的数据使得空时频滤波器的权值收敛。实验结果表明，在空时频阻塞率小于 20％的条件下，该方法能够有效地利用干扰信号的时频稀疏特性提高卫星导航接收机的信号捕获能力。

另外，通过仿真实验验证了相对于简单的统计干扰信号个数和干噪比，空时频阻塞率更适用于评价混合干扰环境的复杂性与基于天线阵的抗干扰方法的效能。

参 考 文 献

[1] Kaplan E D，Hegarty C. Understanding GPS：Principles and Applications[M]. Boston & London: Artech House，2005.

[2] 中国卫星导航系统管理办公室. "北斗" 卫星导航系统发展报告 [R]. 2012.

[3] 谢钢. 全球导航卫星系统原理：GPS、格洛纳斯和伽利略系统 [M]. 北京：电子工业出版社，2013.

[4] 李向阳，慈元卓，程绍驰. 国外卫星导航军事应用 [M]. 北京：国防工业出版社，2015.

[5] Ioannides R T，Pany T，Gibbons G. Known vulnerabilities of global navigation satellite systems,status,and potential mitigation techniques[J]. Proceedings of the IEEE，2016，104(6)：1174-1194.

[6] Parkinson B. Looking ahead for GPS[C]. Proceedings of the 23rd International Technical Meeting of the Satellite Division of the Institute of Navigation (ION GNSS 2010)，Portland，Oregon，September，2010：1-45.

[7] 潘高峰，王李军，华军. 卫星导航接收机抗干扰技术 [M]. 北京：电子工业出版社，2016.

[8] GPS Block ⅢA [EB/OL]. https：//en.wikipedia.org/wiki/GPS_Block_ⅢA, 2015-10-23.

[9] 中国卫星导航系统管理办公室. "中国北斗卫星导航系统" 白皮书 [Z]. 2016.

[10] 李跃. 导航与定位 [M]. 2 版. 长沙：国防工业出版社，2008.

[11] 赵睿涛, 等译. 军用 GPS 现行的现代化计划和备选方案 [R]. 中国卫星导航系统管理办公室, 2012.

[12] 鲁郁. 北斗/GPS 双模软件接收机原理与实现技术 [M]. 北京：电子工业出版社，2016.

[13] Gao G X，Sgammini M，Lu M，et al. Protecting GNSS receivers from jamming and interference [J]. Proceedings of the IEEE，2016，104(6)：1327-1338.

[14] 杨宽. 论卫星导航的法律规制 [J]. 北京航空航天大学学报 (社会科学版)，2011，24(5)：40-44.

[15] 王杰华. 国外卫星导航定位系统的管理体制及政策 [J]. 航天工业管理，2008(3)：29-35.

[16] 战场观察：美军 "精确制导" 武器遭到伊军干扰 [EB/OL]. http//mil.news.sina.com.cn/2003-04-10/120341.html，2003-4-10.

[17] GNSS denial：a realand present danger? [EB/OL]. http://www.geoconne-xion.com/，2015-4-25.

[18] Rügamer A. Jamming and spoofing of GNSS signals-an underestimated risk?![C]. FIG Working Week 2015 From the Wisdom of the Ages to the Challenges of the Modern World，Sofia，Bulgaria，2015.

[19] Rip M R，Hasik J M. The Precision Revolution：GPS and the Future of Aerial Warfare [M]. Annapolis MD: US Naval Institute Press，2002.

[20] Morales-Ferre R，Richter P，Falletti E，et al. A survey on coping with intentional interference in satellite navigation for manned and unmanned aircraft[J]. IEEE Communications Surveys & Tutorials，2020，22(1)：249-291.

[21] Broumandan A，Jafarnia-Jahromi A，Daneshmand S，et al.Overview of spatial processing approaches for GNSS structural interference detection and mitigation[J]. Proceedings of the IEEE，2016，104(6)：1246-1257.

[22] 吴仁彪, 王文益, 卢丹, 等. 卫星导航自适应抗干扰技术 [M]. 北京：科学出版社，2015.

[23] Dovis F. GNSS Interference，Threats，and Countermeasures[M]. London:

Artech House，2015.

[24] 毛虎，吴德伟，卢虎，等. GPS M 码信号压制干扰样式效能分析 [J]. 电子科技大学学报，2015，44(3)：350-356.

[25] 姜鹏，边少锋，占乃洲. 基于导航战的 GPS 压制式干扰技术研究 [J]. 舰船电子工程，2010，30(8)：66-68.

[26] Grant A，Williams P，Basker N W S. GPS Jamming and the impact on maritime navigation[J]. Journal of Navigation，2009，62(2)：173-187.

[27] 王渊，王娅，孙旭. 卫星导航干扰效果评估指标体系研究 [J]. 通信对抗，2013，32(2)：33-37.

[28] Zimmerman D. The precision revolution：GPS and the future of aerial warfare (review) [J]. Technology and Culture，2004，45(4)：883-884.

[29] 肖飞，罗斌凤. 基于导航战的 GPS 干扰模式研究 [C]. 中国造船工程学会 2006 年船舶通讯导航学术会议, 2006.

[30] 闫占杰，吴德伟，蒋文婷，等. 网络化 GPS 干扰系统及其在防空反导中的应用 [J]. 火力与指挥控制，2014(3)：140-143.

[31] Volakis J L，O'Brien A J，Chen C C. Small and adaptive antennas and arrays for GNSS applications[J]. Proceedings of the IEEE，2016，104(6)：1221-1232.

[32] Gupta I J, Weiss I M, Morrison A W. Desired features of adaptive antenna arrays for GNSS receivers[J]. Proceedings of the IEEE, 2016, 104(6)：1195-1206.

[33] Ojeda O A Y, Grajal J, Lopez-Risueo G. Analytical performance of GNSS receivers using interference mitigation techniques[J]. Aerospace & Electronic Systems IEEE Transactions on，2013，49(2)：885-906.

[34] Marathe T. Space-time processing methods to enhance GNSS signal robustness under electronic interference[D]. Calgary: University of Calgary, 2016.

[35] Cuntz M，Konovaltsev A，Meurer M. Concepts，development，and vali-

dation of multiantenna GNSS receivers for resilient navigation[J]. Proceedings of the IEEE, 2016, 104(6): 1288-1301.

[36] Fernández-Prades C, Arribas J, Closas P. Robust GNSS receivers by array signal processing:theory and implementation[J]. Proceedings of the IEEE, 2016, 104(6): 1207-1220.

[37] Proakis J G, Manolakis D G. 数字信号处理：原理、算法与应用 [M]. 北京: 电子工业出版社, 2014.

[38] 张邦宁, 魏安全, 郭道省. 通信抗干扰技术 [M]. 北京：机械工业出版社, 2006.

[39] Grabowski J, Hegarty C. Characterization of L5 receiver performance using digital pulse blanking[C]. Proceedings of International Technical Meeting of the Satellite Division of the Institute of Navigation, 2002.

[40] 西蒙·赫金. 自适应滤波器原理 [M]. 4 版. 北京：电子工业出版社, 2006.

[41] Regalia P A. An improved lattice-based adaptive IIR notch filter[J]. IEEE Trans Signal Processing, 1991, 39(9): 2124-2128.

[42] George D, Cotteril S, Upadhyay T. Advanced GPS receiver technology demonstration program[R]. Final Report WL-TR-93-1501. Mayflaower Communications Company, 1993.

[43] Chien Y R. Design of GPS anti-jamming systems using adaptive notch filters[J]. IEEE Systems Journal, 2015, 9(2): 451-460.

[44] Mosavi M R, Moghaddasi M S, Rezaei M J. A new method for continuous wave interference mitigation in single-frequency GPS receivers[J]. Wireless Personal Communications, 2016, 90(3): 1-16.

[45] Mosavi M R, Shafiee F. Narrowband interference suppression for GPS navigation using neural networks[J]. Gps Solutions, 2016, 20(3): 341-351.

[46] Mao W L. GPS interference mitigation using derivative-free kalman filter-based RNN[J]. Radi Oengineering, 2016, 25(3): 518-526.

[47] 龚耀寰. 自适应滤波 [M]. 北京: 电子工业出版社，2003.

[48] Li J，Wu R，Hao Y，et al. DME interference suppression algorithm based on signal separation estimation theory for civil aviation system[J]. Eurasip Journal on Wireless Communications & Networking，2016，2016(1): 247.

[49] Chien Y R，Chen P Y，Fang S H. Novel anti-jamming algorithm for GNSS receivers using wavelet-packet-transform-based adaptive predictors[J]. Ieice Transactions on Fundamentals of Electronics Communications & Computer Sciences，2017，E100.A(2): 602-610.

[50] Young J A，Lehnert J S. Performance metrics for windows used in real-time DFT-based multiple-tone frequency excision[M]. Piscataway, N.J.: IEEE Press，1999.

[51] Wang P, Cetin, Dempster A G, et al. Improved characterization of GNSS jammers using short-term time-frequency Rényi entropy[J]. IEEE Transactions on Aerospace & Electronic Systems, 2018, 50(4) : 1918-1930.

[52] Mosavi M R，Pashaian M，Rezaei M J，et al. Jamming mitigation in global positioning system receivers using wavelet packet coefficients thresholding[J]. Signal Processing Iet，2015，9(5): 457-464.

[53] 张贤达. 现代信号处理 [M]. 3 版. 北京：清华大学出版社，2015.

[54] Morales-Ferre R, Richter P, Falletti E, et al. A Survey on coping with intentional interference in satellite navigation for manned and unmanned aircraft[J]. IEEE Communications Surveys & Tutorials, 2020, 22(1):249-291.

[55] Rezaei M J，Abedi M，Mosavi M R. New GPS anti-jamming system based on multiple short-time Fourier transform[J]. Iet Radar Sonar & Navigation，2016，10(4): 807-815.

[56] Sun K，Jin T，Yang D. An improved time-frequency analysis method in interference detection for GNSS receivers[J]. Sensors，2015，15(4): 9404-9426.

[57] Chang C L. Modified compressive sensing approach for GNSS signal reception in the presence of interference[J]. Gps Solutions，2016，20(2)：201-213.

[58] 张春海，卢树军，张尔扬. 基于加窗 DFT 的 DSSS 系统变换域窄带抗干扰技术 [J]. 解放军理工大学学报，2004，4(5)：11-15.

[59] Vartiainen J，Lehtomaki J J，Saarnisaari H. Double-threshold based narrowband signal extraction[C]. Proc. IEEE Vehicular Technology Conf.，Stockholm，Sweden，May/Jun.30-1，2005.

[60] Medley M J，Saulnier G J，Das P K. Narrow-band interference excision in spread spectrum systems using lapped transforms [J]. IEEE Transactions on Communications，1997，45 (11)：1444-1455.

[61] Kasparis T. Suppression of nonstationary sinusoidal interference using transform domian median filtering [J]. IEEE Electronics Letters，1993，29 (2)：176-178.

[62] Saulnier G J. Suppression of narrowband jammers in a spread-spectrum receiver using transform-domain adaptive filtering[J]. IEEE Journal on Selected Aerospace Communications，1992，10：742-749.

[63] 张天桥，王尧，崔晓伟，等. 改进的频谱幅度域处理抗干扰技术 [J]. 系统工程与电子技术，2012，34(5)：892-896.

[64] Vagle N，Broumandan A，Lachapelle G. Analysis of multi-antenna GNSS receiver performance under jamming attacks[J]. Sensors，2016，16(11)：1937.

[65] 孙莉. 卫星导航简化分布式矢量天线抗干扰和多径抑制技术研究 [D]. 长沙：国防科学技术大学，2011.

[66] 王永良，丁前军，李荣峰，等. 自适应阵列处理 [M]. 北京：清华大学出版社，2009：2-38.

[67] Moelker D J，Pol E V D，Bar-Ness Y. Adaptive antenna arrays for interference cancellation in GPS and GLONASS receivers[C]. Position Location

and Navigation Symposium, IEEE，1996：191-198.

[68] van Trees，Harry L. Optimum Array Processing : Part IV of Detection，
      Estimation and Modulation Theory[M]. New York: Wiley-Interscience，
      2002.

[69] Capon J. High-resolution frequency-wavenumber spectrum analysis[J].
      Proceedings of the IEEE，2005，57(8)：1408-1418.

[70] Zoltowski M D，Gecan A S. Advanced adaptive null steering concepts for
      GPS[C]. Military Communications Conference，1995.

[71] 郑建生，陈鲤文，代永红，等. GNSS 接收机抗干扰自适应调零技术性能
      估计 [J]. 武汉大学学报 (信息科学版)，2015，40(8)：1006-1011.

[72] 崔玥. 卫星导航系统接收机抗干扰技术研究 [D]. 天津：天津大学，2012.

[73] Mtigating the threat of GPS jamming anti-jam technology [EB/OL].
      https//www.novatel. com/ solutions/anti-jamming-technology/，2017-4-
      11.

[74] Chang C L，Huang G S. Spatial compressive array processing scheme
      against multiple narrowband interferences for GNSS[C]. IEEE First Aess
      European Conference on Satellite Telecommunications, IEEE，2012：1-6.

[75] Chen F，Nie J，Zhu X，et al. Impact of reference element selection on
      performance of power inversion adaptive arrays[C]. Position，Location
      and Navigation Symposium, IEEE，2016：638-644.

[76] Chen F,Nie J,Ni S,et al. Combined algorithm for interference suppression
      and signal acquisition in GNSS receivers[J]. Electronics Letters，2017，
      53(4)：274-275.

[77] Wan Y, Chen F, Nie J, et al. Optimum reference element selection
      for GNSS power-inversion adaptive arrays[J]. Electronics Letters, 2016,
      52(20)：1723-1725.

[78] Lu Z, Nie J, Wan Y, et al. Optimal reference element for interference sup-
      pression in GNSS antenna arrays under channel mismatch[J]. Iet Radar

Sonar & Navigation，2017，11(7)：1161-1169.

[79] Daneshmand S, Marathe T, Lachapelle G. Millimetre level accuracy GNSS positioning with the blind adaptive beamforming method in interference environments[J]. Sensors，2016，16(11)：1824.

[80] Zhang Y D，Amin M G. Anti-jamming GPS receiver with reduced phase distortions[J]. IEEE Signal Processing Letters，2012，19(10)：635-638.

[81] Wang L，Han Y. Moving jammer suppression with robust blind adaptive algorithms in GPS receiver[J]. Journal of University of China Academy of Sciences, 2015, 32(4): 556-561.

[82] Chen L W，Zheng J S，Su M K，et al. A strong interference suppressor for satellite signals in GNSS receivers[J]. Circuits Systems & Signal Processing，2016，36(7)：1-16.

[83] 王文益，杜清荣，吴仁彪，等. 一种利用少快拍数据的卫星导航高动态干扰抑制算法 [J]. 电子与信息学报，2014，36(10)：2445-2449.

[84] Gong Y，Wang L，Yao R，et al. A robust method to suppress jamming for GNSS array antenna based on reconstruction of sample covariance matrix[J]. International Journal of Antennas and Propagation，2017(3)：1-12.

[85] Wang X，Aboutanios E. Reconfigurable adaptive linear array signal processing in GNSS applications[C]. IEEE International Conference on Acoustics，Speech and Signal Processing, IEEE，2013：4154-4158.

[86] Lin H C. Spatial correlations in adaptive arrays[J]. IEEE Transactions on Antennas & Propagation，2003，30(2)：212-223.

[87] Wang X，Aboutanios E，Amin M G. Generalised array reconfiguration for adaptive beamforming by antenna selection[C]. IEEE International Conference on Acoustics，Speech and Signal Processing, IEEE，2015：2479-2483.

[88] Amin M G，Wang X，Zhang Y D，et al. Sparse arrays and sampling for

interference mitigation and DOA estimation in GNSS[J]. Proceedings of the IEEE，2016，104(6)：1302-1317.

[89] 王文益，彭敏英，吴仁彪. 利用联合互质阵列的卫星导航抗干扰算法 [J]. 信号处理，2015，31(9)：1082-1086.

[90] Fante R L，Vaccaro J J. Wideband cancellation of interference in a GPS receive array[J]. IEEE Transactions on Aerospace & Electronic Systems，2000，36(2)：549-564.

[91] Mcdonald K F，Costa P J，Fante R L. Insights into jammer mitigation via space-time adaptive processing[C]. Position，Location，And Navigation Symposium，2006 IEEE/ION.IEEE Xplore，2006：213-217.

[92] Trees H L V. Detection Estimation and Modulation Theory，Pan IV，Optimal Array Processing [M]. New York: John Wiley&Sons Press，2002.

[93] Kiemm R. 空时自适应处理原理 [M]. 3 版. 北京: 高等教育出版社，2009.

[94] Lee K，So H，Song K. Performance analysis of pseudorange error in STAP beamforming algorithm for array antenna[J]. Journal of Positioning Navigation & Timing，2014，3(2)：37-44.

[95] Marathe T，Daneshmand S，Lachapelle G. Assessment of measurement distortions in GNSS antenna array space-time processing[J]. International Journal of Antennas and Propagation，2016(2)：1-17.

[96] Myrick W L，Goldstein J S，Zoltowski M D. Low complexity anti-jam space-time processing for GPS[C]. IEEE International Conference on Acoustics，Speech，and Signal Processing，2001.

[97] Yang B. Projection approximation subspace tracking [J]. IEEE Trans. on SP.，1995，43(1)：95-107.

[98] Badeau R，David B，Richard G. Fast approximated power iteration subspace tracking [J]. IEEE Trans. on SP.，2005，53(8)：2931-2941.

[99] Doukopoulos X G，Moustakides G V. Fast and stable subspace tracking [J]. IEEE Trans. on SP.，2008，56(4)：1452-1456.

[100] Chang C L，Huang G S. Low-complexity spatial-temporal filtering method via compressive sensing for interference mitigation in a GNSS receiver[J]. International Journal of Antennas & Propagation，2014(2): 1-8.

[101] Daneshmand S，Jahromi A J，Broumandan A. GNSS space-time interference mitigation and attitude determination in the presence of interference signals[J]. Sensors, 2015，15(6): 12180-204.

[102] Chen F, Nie J, Li B. Distortionless space-time adaptive processor for global navigation satellite system receiver[J]. Electronics Letters, 2015，51(25): 2138-2139.

[103] 张柏华，马红光，孙新利，等. 基于正交约束的导航接收机空时自适应方法 [J]. 电子与信息学报，2015，37(4)：900-906.

[104] Zhang B，Ma H，Sun X L，et al. Robust anti-jamming method for high dynamic global positioning system receiver[J]. Iet Signal Processing，2016，10(4)：342-350.

[105] 卢丹，葛璐，王文益，等. 基于空时降维处理的高动态零陷加宽算法 [J]. 电子与信息学报，2016，38(1)：216-221.

[106] Lu Z，Nie J，Chen F，et al. Adaptive time taps of STAP under channel mismatch for GNSS antenna arrays[J]. IEEE Transactions on Instrumentation & Measurement，2017(99)：1-12.

[107] 毛虎，吴德伟. GPS 军码信号的带限高斯噪声干扰参数选择分析 [J]. 空军工程大学学报 (自然科学版)，2014(6)：58-62.

[108] 吴向宇. 面向作战效能的弹载卫星导航抗干扰指标分析方法 [A]//中国航空学会. 探索创新交流 (第 7 集)——第七届中国航空学会青年科技论坛文集 (上册)[C]. 中国航空学会，2016：5.

[109] 景井，吴德伟，戚君宜. 网络化 GPS 干扰体系作战效能评估 [J]. 火力与指挥控制，2012，37(12)：55-58.

[110] Ardi E M，Shubair R M，Mualla M E. Adaptive beamforming arrays for smart antenna systems: a comprehensive performance study[C]. Antennas

and Propagation Society International Symposium. IEEE Xplore，2004，3：2651-2654.

[111] 聂俊伟. GNSS 天线阵抗干扰算法及性能评估技术研究 [D]. 长沙：国防科学技术大学，2012.

[112] Hinshilwood D J. Performance measures for adaptive antenna systems[C]. Military Communications Conference，1996.

[113] 周柱. GPS 接收机抗干扰研究 [D]. 长沙：国防科学技术大学，2014.

[114] Cagley E，Hwang S，Shynk J J. A multistage interference rejection system for GPS [C]. Conference Record of the Thirty-Sixth Asilomar Conference on Signals Systems and Computers，2002，2：1674-1679.

[115] 狄旻珉，张尔扬. 一种多级 GPS 抗干扰接收机设计 [J]. 通信学报，2005，26(11)：82-86.

[116] 张提升，郭文飞，郑建生. GNSS 接收机中一种新的射频抗干扰级联方法 [J]. 宇航学报，2013，34(7)：932-937.

[117] Huo S，Nie J，Tang X，et al. Minimum energy block technique against pulsed and narrowband mixed interferers for single antenna GNSS receivers[J]. IEEE Communications Letters，2015，19(11)：1933-1936.

[118] Huo S，Nie J，Tang X，et al. Pulsed and narrowband mixed interference mitigation technique for single antenna GNSS receivers[J]. IEICE Communications Express，2015，4(8)：245-250.

[119] Zhang Y D，Amin M G，Wang B. Mitigation of sparsely sampled nonstationary jammers for multi-antenna GNSS receivers[C]. IEEE International Conference on Acoustics，Speech and Signal Processing，IEEE，2016：6565-6569.

[120] Amin M G，Zhang Y D. Nonstationary jammer excision for GPS receivers using sparse reconstruction techniques[C]. Proceedings of International Technical Meeting of the Satellite Division of the Institute of Navigation，2014.

[121] Wang B, Zhang Y D, Qin S, et al. Robust nonstationary jammer mitigation for GPS receivers with instantaneous frequency error tolerance[C]. SPIE Commercial + Scientific Sensing and Imaging, 2016：98570F.

[122] Wang X, Amin M, Ahmad F, et al. Interference DOA estimation and suppression for GNSS receivers 298 using fully augmentable arrays[J]. IET Radar Sonar & Navigation，2017，3: 474-480.

[123] 王璐，吴仁彪，卢丹，等. 基于空时滤波的北斗接收机抗宽带干扰方法 [C]. 中国卫星导航学术年会, 2015.

[124] 何诚，刘永普. 波束形成网络中重叠子阵的设计 [J]. 雷达科学与技术，2003，1(2)：120-124.

[125] Daneshmand S，Broumandan A，Nielsen J，et al. Interference and multipath mitigation utilising a two-stage beamformer for global navigation satellite systems applications[J]. Iet Radar Sonar & Navigation，2013，7(1)：55-66.

[126] Li Q，Wang W，Xu D，et al. A Robust anti-jamming navigation receiver with antenna array and GPS/SINS[J]. IEEE Communications Letters，2014，18(3)：467-470.

[127] Daneshmand S，Sokhandan N，Zaeri-Amirani M，et al. Precise calibration of a GNSS antenna array for adaptive beamforming applications[J]. Sensors，2014，14(6)：9669.

[128] Elad M. Sparse and Redundant Representations[M]. New York: Springer，2010.

[129] Liu Z M，Huang Z T，Zhou Y Y. Sparsity-inducing direction finding for narrowband and wideband signals based on array covariance vectors[J]. IEEE Transactions on Wireless Communications，2013，12(8)：1-12.

[130] Gui W，Gui W，Xu C. Note onset detection based on sparse decomposition[J]. Multimedia Tools & Applications, 2016, 75(5): 1-19 .

[131] 王春光，刘金江，孙即祥. 基于稀疏分解的心电数据压缩算法 [J]. 中国生

物医学工程学报，2008，27(1)：13-17.

[132] Feng W，Zhang Y，He X，et al. Cascaded clutter and jamming suppression method using sparse representation[J]. Electronics Letters，2015，51(19)：1524-1526.

[133] 阳召成. 基于稀疏性的空时自适应处理理论和方法 [D]. 长沙：国防科学技术大学，2013.

[134] Blumensath T，Davies M E. Normalized iterative hard thresholding：guaranteed stability and performance[J]. IEEE Journal of Selected Topics in Signal Processing，2010，4(2)：298-309.

[135] Li P C，Song K P，Shang F H. Double chains quantum genetic algorithm with application to neuro-fuzzy controller design[J]. Advances in Engineering Software，2011，42(10)：875-886.

[136] Mallat S G，Zhang Z. Matching pursuits with time-frequency dictionaries[J]. IEEE Trans on Signal Processing，1993，41(12)：3397-3415.

[137] Li Y，Cichocki A，Amari S，et al. Equivalence probability and sparsity of two sparse solutions in sparse representation[J]. IEEE Transactions on Neural Networks，2008，19(12)：2009.

[138] Wang Y，Yin W. Sparse signal reconstruction via iterative support detection[J]. Siam Journal on Imaging Sciences，2009，3(3)：462-491.

[139] Donoho D L，Tsaig Y. Fast Solution of-Norm Minimization Problems When the Solution May Be Sparse[M]. Piscataway, N.J.: IEEE Press，2008.

[140] 高磊. 压缩感知理论在宽带成像雷达 Chirp 回波处理中的应用研究 [D]. 长沙：国防科学技术大学，2011.

[141] 杜谦. GPS 系统的电子侦察和干扰技术研究 [J]. 无线电工程,2005,35(11)：32-34.

[142] Kong H，Ni L，Shen Y. Adaptive double chain quantum genetic algorithm for constrained optimization problems[J]. 中国航空学报 (英文版)，2015，

28(1)：214-228.

[143] Chen P，Yuan L，He Y，et al. An improved SVM classifier based on double chains quantum genetic algorithm and its application in analogue circuit diagnosis [J]. Neurocomputing，2016，211：202-211.

[144] 国强，孙宇舵. 改进的双链量子遗传算法在图像去噪中的应用 [J]. 哈尔滨工业大学学报，2016，48(5)：140-147.

[145] 李士勇，李盼池. 量子计算与量子优化算法 [M]. 哈尔滨：哈尔滨工业大学出版社，2009.

[146] Pinyoanuntapong K, Kwon H, Pham K, et al. Frost's and maximin space-time adaptive processing under block rayleigh fading[C]. 2019 International Conference on Computing, Networking and Communications (ICNC), IEEE, 2019:1-5.

[147] Kar G，Mustafa H，Wang Y，et al. Detection of on-road vehicles emanating GPS interference[C]. ACM，2014：621-632.

[148] Morong T , Purier P , Ková P. Study of the GNSS jamming in real environment[J]. International Journal of Electronics and Telecommunications, 2019, 65(1): 65-70.

[149] Kanjilal P P, Palit S. On multiple pattern extraction using singular value decomposition[J]. Signal Processing IEEE Transactions on，1995，43(6)：1536-1540.

[150] 朱航，张淑宁，赵惠昌. 基于广义周期性的单通道多分量正弦调频信号分离和参数估计 [J]. 电子与信息学报，2014，36(10)：2438-2444.

[151] 侯者非，杨杰，张雪. 基于复小波和奇异值比谱的轴承故障检测方法 [J]. 武汉理工大学学报，2011, 33(1)：142-145.

[152] 卢丹. 稳健的全球卫星导航系统抗干扰技术研究 [D]. 西安: 西安电子科技大学，2013.

[153] 刘勇，张国毅，张旭洲. 低信噪比下 LFMCW 信号的参数估计 [J]. 电子信息对抗技术，2014(6)：28-33.

[154] Stoica P，Moses R L. 现代信号谱分析 [M]. 吴仁彪, 韩萍, 冯青, 译. 北京：电子工业出版社，2012.

[155] Chen Y，Wang D，Liu P，et al. An improved approach of SFAP algorithm for suppressing concurrent narrowband and wideband interference[C]. China Satellite Navigation Conference (CSNC) 2016 Proceedings: Volume II. Springer, Singapore. 2016：69-80.

[156] 谢鑫，李国林，刘华文. 采用单次快拍数据实现相干信号 DOA 估计 [J]. 电子与信息学报，2010，32(3)：604-608.

[157] 刘晓娣，周新力，肖金光. 基于空间平滑的单快拍波达方向估计算法 [J]. 探测与控制学报，2015，37(6)：66-70.

[158] 康春玉，李前言，章新华，等. 频域单快拍压缩感知目标方位估计和信号恢复方法 [J]. 声学学报，2016(2)：174-180.

[159] 罗争，龚坚，吴林. 基于稀疏表示理论的来波方位估计新方法 [J]. 中国无线电，2014(3)：50-52.

[160] 邵华. 稀疏阵列测向技术研究 [D]. 南京: 南京理工大学，2014.

[161] 杨真真，杨震，孙林慧. 信号压缩重构的正交匹配追踪类算法综述 [J]. 信号处理，2013，29(4)：486-496.

[162] 蔡盛盛，张佳维，冯大航，等. 改进正则化正交匹配追踪波达方向估计方法 [J]. 声学学报，2014(1)：35-41.

[163] Engel U，Okum M. On the application of the higher order virtual array concept for small antenna arrays[C]. Signal Processing Conference，2011，European, IEEE，2011：609-613.

[164] 刘泳庆. 卫星导航系统多维域抗干扰技术研究 [D]. 北京：北京理工大学，2016.

[165] 易维勇，董绪荣，孟凡玉，等. GNSS 单频软件接收机应用与编程 [M]. 长沙：国防工业出版社，2010.

[166] Zhao W, Xu L, Wu R. A simulation tool for space-time adaptive processing in GPS[J]. Piers Online，2006，2(4)：363-367.

[167] Dong L. IF GPS signal simulator development and verification [micro-form][J]. Geomatics Engineering University of Calgary，2004.

[168] Elango G A, Sudha G F. Design of complete software GPS signal simulator with low complexity and precise multipath channel model[J]. Journal of Electrical Systems & Information Technology，2016，3(2)：161-180.

[169] 胡广书. 现代信号处理教程 [M]. 2 版. 北京：清华大学出版社，2015.